公共素质教育“十三五”规划教材

计算机应用基础
实训教程

JISUANJI YINGYONG JICHU
SHIXUN JIAOCHENG

主 编 黄 敏 王 浩
副主编 李曙光 郭树强
梁旭光

·长沙·

图书在版编目（CIP）数据

计算机应用基础实训教程 / 黄敏，王浩主编．—长沙：中南大学出版社，2019.8

ISBN 978-7-5487-3404-8

Ⅰ. ①计… Ⅱ. ①黄… ②王… Ⅲ. ①电子计算机—教材 Ⅳ. ①TP3

中国版本图书馆 CIP 数据核字（2018）第 200764 号

计算机应用基础实训教程

JISUANJI YINGYONG JICHU SHIXUN JIAOCHENG

黄 敏 王 浩 主编

□**责任编辑** 郑 伟 单金枝
□**责任印制** 易红卫
□**出版发行** 中南大学出版社
社址：长沙市麓山南路　　邮编：410083
发行科电话：0731-88876770　　传真：0731-88710482
□**印　　装** 定州启航印刷有限公司

□**开　　本** 787 × 1092 1/16 □**印张** 11 □**字数** 223 千字
□**版　　次** 2019 年 8 月第 1 版 □**印次** 2019 年 8 月第 1 次印刷
□**书　　号** ISBN 978-7-5487-3404-8
□**定　　价** 33.00 元

前言

当前，计算机应用已经渗透到社会生活的各个领域，正在迅速地改变着人们的学习、工作和生活的方式。计算机应用能力已成为当代学生必须熟悉掌握的基本技能，也是学生争取优秀工作岗位的重要前提。

随着计算机硬件和软件技术的飞速发展，计算机应用基础课程的教学内容和教学方式已经发生了很大的变化。本书结合当前计算机及信息技术的发展状况，以及国家关于计算机应用基础教学的最新指示文件精神编写，是最新的教学改革成果。

本书以“项目教学、任务驱动、任务过程导向”为出发点，遵循高等职业教育理念，以学生为主体而编写，是以技能型、应用型人才的职业能力培养为核心的课程。每个项目以任务的形式体现，以“任务目的→任务内容→任务步骤”为编写思路，并适时进行知识拓展，把工作和生活中的典型计算机应用案例作为项目实例巧妙地组织在教材中，以实际项目结合相关知识点，循序渐进地进行能力培养。

本书共有五个项目，内容包括计算机基础知识、使用 Word 2013 编写文档、使用 Excel 2013 编辑电子表格、使用 PowerPoint 2013 制作幻灯片和网络办公。本书具有内容安排合理、思路新颖、项目任务实用、任务丰富、图文并茂、由浅入深和通俗易懂等特点。每个项目后配有习题，利于学生掌握相关知识，进行查漏补缺。

本书不仅适用于需要学习使用 Office 2013 的初级用户和中级用户，也可作为技能型、应用型人才培养的各类高等职业技术学院计算机公共基础课程能力培养教材，也可以用作计算机培训和个人自学使用。与《计算机应用基础》教材配套配合使用效果更佳。

囿于编者知识水平和经验局限性，书中难免存在一些疏漏和不足之处。敬请同行和读者批评指正，以便今后修改完善。

编　者

目录

项目一　计算机基础知识

【项目要点】

本项目主要介绍微型计算机的硬件组成和软件系统，以及在 Windows 10 操作系统下如何使用计算机进行最基本的操作应用。本项目共有 3 个任务。主要从以下几个方面考查学生的学习情况：

1. 了解微型计算机的主要硬件配置、操作系统软件、基本输入输出设备等。

2. 了解桌面、图标、“开始”菜单、快捷方式等基本概念。掌握键盘、鼠标的基本操作，应用程序的启动、退出方法，Windows 窗口的概念和基本操作，对话框和菜单的操作，剪贴板的使用。

3. Windows 10 文件管理。明确文件和文件夹的概念。学会管理计算机中的文件与文件夹。

4. 学会使用记事本和画图程序。

任务 1　Windows 10 基础知识

任务目的

1. 掌握 Windows 10 的启动和退出。
2. 掌握鼠标和键盘的使用方法。
3. 熟悉 Windows 10 帮助的使用。
4. 掌握 Windows 10 桌面组成及其操作。

任务内容

本任务将带领大家了解 Windows 10 的基础知识，通过熟悉 Windows 10 的启动、退出和鼠标、键盘的使用方法，掌握 Windows 10 的桌面组成和桌面图标的排序与重命名等操作。

任务步骤

1. Windows 10 的启动和退出

使用不同的方式启动和退出 Windows 10。

（1）开机

1）打开显示器电源开关。

2）按下计算机机箱面板上的电源开关，计算机进行上电自检。

3）如果自检结果一切正常，则在完成自检后进入 Windows 10，如图 1-1 所示。

提示： 如果用户设置了相应的登录密码，进入系统后会出现登录对话框，输入密码后才能进入系统。

（2）使用“开始”菜单重新启动

1）单击任务栏中的“开始”按钮（⊞），再单击“关机”按钮右边的小箭头，出现图 1-2 所示的“关机”按钮的其他选项。

图 1-1 Windows 桌面

图 1-2 “关机”按钮的其他选项

2）单击“重新启动”选项，这时计算机就会重启。

提示： 除使用“开始”菜单热启动外，还可通过按下机箱面板上的“RESET”按钮重启计算机。

（3）关闭计算机

1）单击任务栏中的“开始”按钮（⊞）。

2）单击“关机”按钮，系统将关机。

提示： 在正常情况下，必须关闭所有的应用程序或窗口后才可退出系统。直接关闭电源会使数据无法保存。

也有一种情况，将会阻止 Windows 关闭，那就是系统中运行了需要用户进行保存的程序，Windows 会询问用户是否强制关机或者取消关机。

2. 鼠标和键盘的使用方法

（1）鼠标的使用

通过以下操作熟悉鼠标的移动、单击、双击、右击及拖曳等操作：

1）通过快捷菜单打开“此电脑”窗口，然后关闭该窗口。

①将鼠标移动到桌面的“此电脑”图标上，单击鼠标右键后出现一个快捷菜单，移动光标至“打开”命令处，单击打开“此电脑”窗口。

②单击“此电脑”窗口右上角的“关闭”按钮（×），关闭该窗口。

2）打开桌面上的 IE 浏览器，并关闭。

将鼠标移动到桌面左下角任务栏上的“Internet Explorer”图标上，单击该图标，打开 IE 浏览器窗口，单击该窗口右上角的“关闭”按钮。

3）拖曳“此电脑”图标到桌面的右上角。

将光标移动到桌面的“此电脑”图标上，按住鼠标左键将其拖曳到桌面的右上角，释放鼠标。

提示：在进行鼠标拖曳改变图标位置时，应保证图标不处于“自动排列图标”状态。通过在桌面上空白处单击鼠标右键，执行快捷菜单中的“查看→自动排列图标”命令，可取消 / 选中自动排列图标状态。

（2）键盘的使用

熟悉键盘的基本使用方法。

1）单击桌面左下角的“开始”按钮，在弹出的菜单中选择“Windows 附件→记事本”命令（也可以直接打开“记事本”），打开“记事本”应用程序。

2）依次输入“abcdefghijklmnopqrstuvwxyz，./；’ 926–127 ＝ 799”。

3）按下 Caps Lock 键，将键盘锁定在大写状态，输入“ABCD EFGH IJKL MNOP QRST UVW XYZ”，输入完毕后再次按下 Caps Lock 键，取消锁定状态。

提示：在键盘的右上方有三个指示灯，中间一个就是 Caps Lock 键指示灯，如果灯亮就说明键盘锁定在大写状态。

4）按住 Shift 键，输入“<>?:{}”。

提示：键盘中的许多键都可以输入两种不同的字符，输入时按住 Shift 键可以输入上档字符。如“<,”键，在松开 Shift 键时输入的是“,”，按住时输入的是上档字符“<”。

5）输入大小写混合的字符“Shanghai—GuangZhou，Dance Windows!”

提示：对于字符中出现单个大写字母时，只需按住 Shift 键输入即可。

6）此时“记事本”窗口如图 1–3 所示，单击窗口右上角的“关闭”按钮，在弹出的提示框中单击“不保存”按钮。

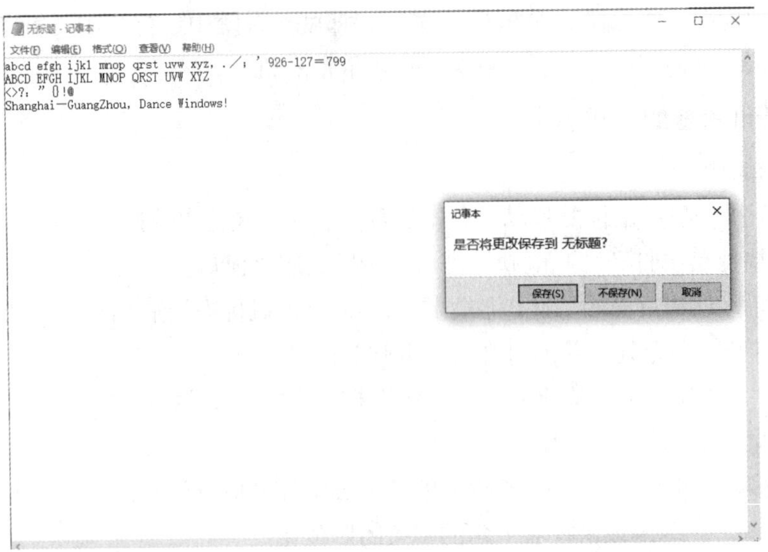

图 1-3 “记事本”窗口

3. Windows 10 帮助的使用

(1) Windows 10 设置

进入 Windows 10 设置系统，了解其使用方法。

单击桌面左下角的“⊞”按钮，在弹出的菜单中执行“Windows 设置”命令(在“关机”按钮上面)，进入 Windows 10 设置，如图 1-4 所示。

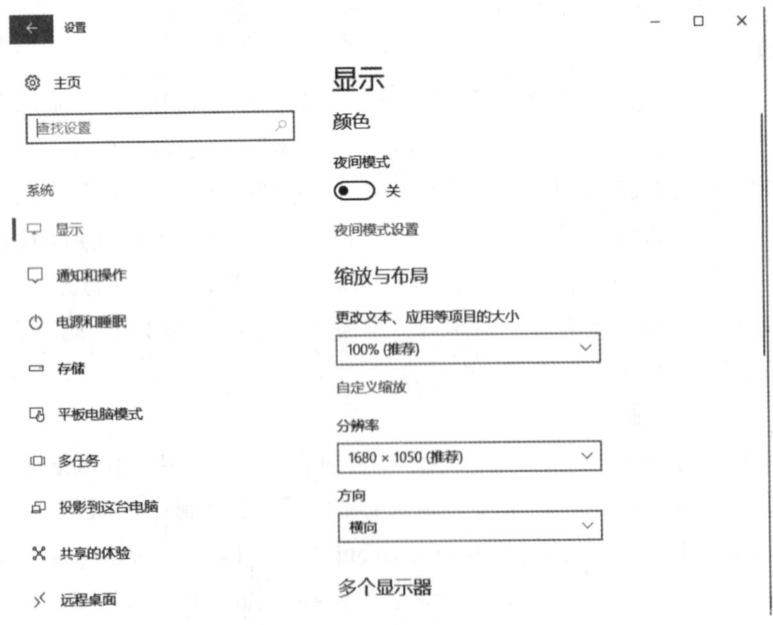

图 1-4 “帮助和支持中心”窗口

提示：当想后退时，单击←按钮。当单击⚙主页按钮时，会回到“帮助和支持”

窗口的主页。

在窗口的“搜索”文本框中，可以设置搜索选项进行内容的查找。直接在“搜索”文本框中输入要查找内容的关键字，然后单击🔍按钮，可以快速查找到结果。

如果我们连入了 Internet，则可以通过远程协助来获得在线帮助或者与专业支持人员联系。在“帮助和支持中心”窗口上单击“询问”按钮，即可打开“更多支持选项”页面，用户可以向自己的朋友求助，或者直接向 Microsoft 公司寻求在线协助支持，还可以和其他的 Windows 用户进行交流。

(2) 从窗口中获取帮助

使用不同的方式，在“此电脑”窗口中获取帮助信息。

1) 将鼠标移动到桌面的“此电脑”图标上，双击打开“此电脑”窗口。

2) 单击“此电脑”窗口的菜单“帮助”。

3) 单击“查看帮助”项，出现了关于使用“此电脑”文件夹的帮助信息，如图 1–5 所示。

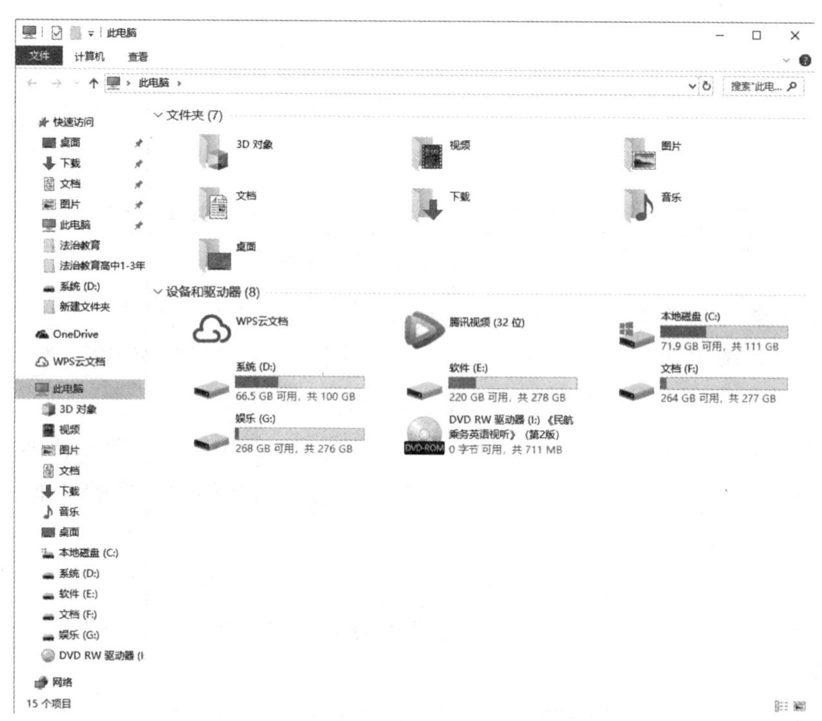

图 1–5　使用“此电脑”文件夹的帮助信息

提示：在打开的窗口中按 F1 键时，可获取当前窗口的帮助信息。

4. Windows 10 桌面组成及其操作

(1) 桌面图标与快捷方式图标操作

对桌面上的图标进行如下的操作：

1) 在桌面上创建一个“计算器”应用程序的快捷图标（位置为 C:\Windows\

System32\calc.exe)，名为“Jisuanqi”。

①在桌面空白处右击鼠标，执行快捷菜单中的“新建→快捷方式”命令，出现“创建快捷方式”对话框。

②在“命令行”文本框中输入“C:\Windows\System32\calc.exe”，如图 1–6 所示，单击“下一步”按钮。

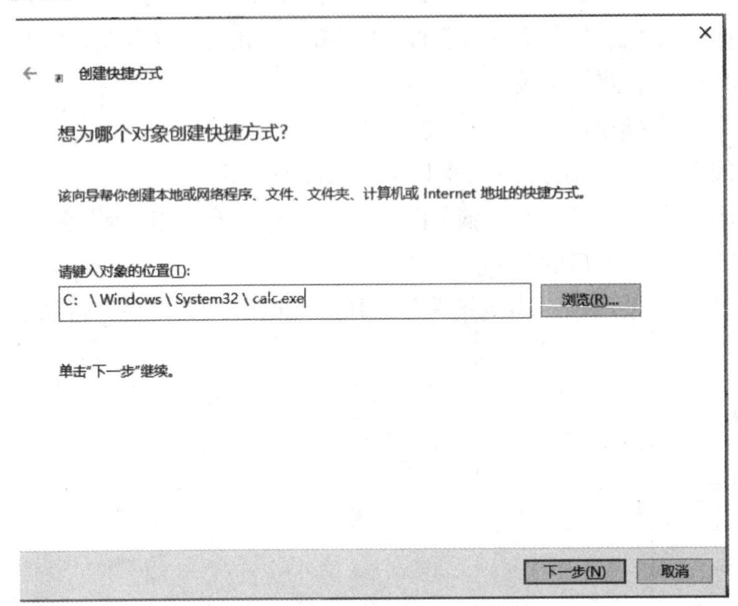

图 1–6 “创建快捷方式”对话框

提示：“命令行”中的内容还可通过“浏览”按钮，浏览选择程序。

③出现“选择程序的标题”对话框，在“选择快捷方式的名称”文本框中输入“Jisuanqi”，单击“完成”按钮，此时屏幕上出现新建的图标。

2）将“回收站”图标更名为“垃圾箱”，将桌面的图标按修改日期重新排列。

①将光标移动到“回收站”图标上，鼠标右击，执行快捷菜单中的“重命名”命令（或激活图标后按 F2 键）。

②此时，图标的名称呈蓝底白字状态，输入“垃圾箱”，按回车键。

③在桌面的空白区域鼠标右击，执行快捷菜单中的“排序方式→修改日期”命令，如图 1–7 所示，可以观察到图标的位置有所变化。

提示：如图 1–7 所示，排列图标的方式有“名称”“大小”“项目类型”“修改日期”四种。不同的排列方式会使图标的位置产生变化。此处可分别使用上述四种方式来排列图标，观察其不同之处。

3）最后将新建的快捷图标彻底删除。

将光标移动到“Jisuanqi”图标上，鼠标右击，执行快捷菜单中的“删除”命令（或直接按 Delete 键），在弹出的提示框中，单击“是”按钮。

提示：上述的删除操作只是将该快捷方式移到回收站，并未彻底删除。若要彻底删

除文件，应将回收站中的内容清除，或者在删除时按 Shift+Delete 键。另外，桌面上“此电脑”“回收站”图标不能删除。

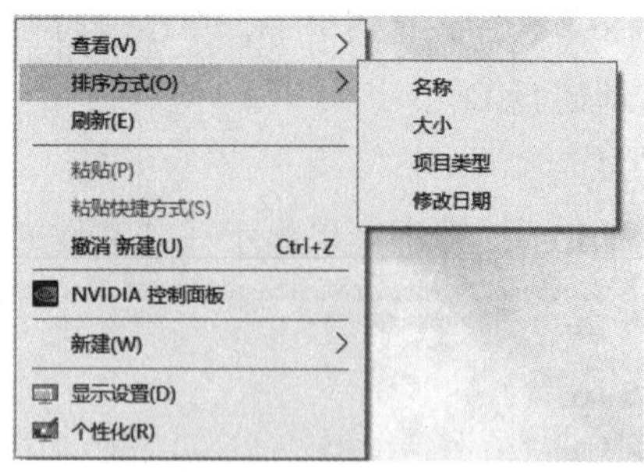

图 1–7 快捷菜单

（2）任务栏属性

对屏幕下方的任务栏进行如下操作：

1）将任务栏的高度拉大，再将其还原。

①将光标移动到任务栏（桌面下方）的空白处，单击鼠标右键，在出现的快捷菜单中单击“锁定任务栏”，单击 关变成 开。

②将光标移动到任务栏的边缘部分，待光标变为“↕”时，按住鼠标，向上拖曳一格后释放鼠标。

③将光标移动到任务栏的边缘，按住鼠标向下拖曳一格后释放鼠标。

提示：任务栏的大小可以通过鼠标拖曳来改变。

2）将任务栏设置为“自动隐藏任务栏”的属性。

①在任务栏的空白位置右击鼠标，执行快捷菜单中的“任务栏设置”命令，出现如图 1–8 所示对话框。

图 1–8 “任务栏设置”对话框

②选择“任务栏”选项卡，选中“自动隐藏任务栏”复选项，单击“开关”按钮。

（3）查找文件

通过“开始”菜单，查找D盘的“考生文件夹”中所有以F字母打头的DLL文件。

1）右键单击“开始”，在弹出的快捷菜单中，单击“打开Windows系统”，在弹出的窗口单击“此电脑”中“本地磁盘D”。

2）双击打开“考生文件夹”。

3）在搜索框中键入“F. DLL”。搜索结果显示在“文件列表”中，如图1–9所示。

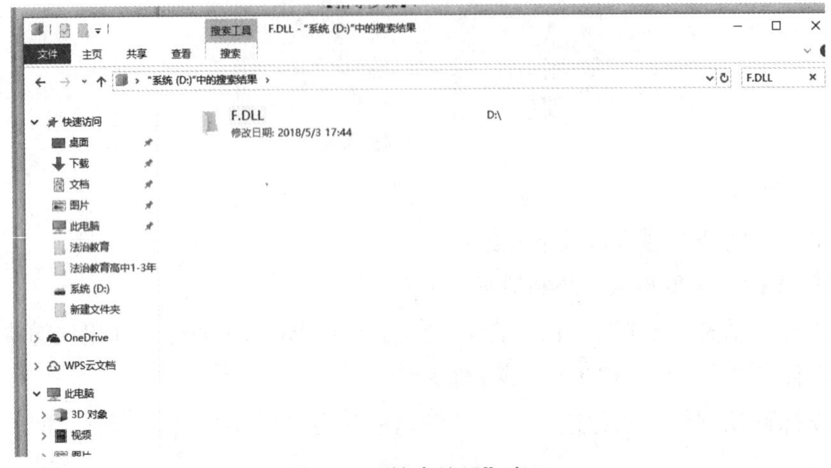

图1–9 “搜索结果”窗口

提示：当Windows搜索完之后，所有搜索到的文件都会在窗口中显示出来。对于这些文件，可以像在资源管理器中一样进行删除、复制、移动、重命名和查看属性等操作。

任务2 Windows 10基本操作

任务目的

1. 掌握“此电脑”窗口操作。
2. 掌握文件的选定。
3. 掌握文件的管理操作。
4. 掌握基本的汉字输入法。
5. 掌握写字板的使用和剪贴板的操作。
6. 掌握对磁盘的操作。

任务内容

本任务将带领大家了解Windows 10的基本操作，通过熟悉Windows 10的窗口和文

件的选点与管理的方式，能够掌握 Windows 10 的窗口操作，启动“文件资源管理器”窗口的方法，以及输入法的切换方式。

任务步骤

1.“此电脑”窗口操作

(1) 窗口操作

打开“此电脑”窗口，并进行如下操作：将窗口最大化、最小化、还原；移动窗口；调整窗口的大小；滚动查看窗口中的内容。

1) 双击桌面上的“此电脑”图标，双击“(C:)”，打开该窗口，如图 1–10 所示。

2) 最大化、最小化与还原窗口。

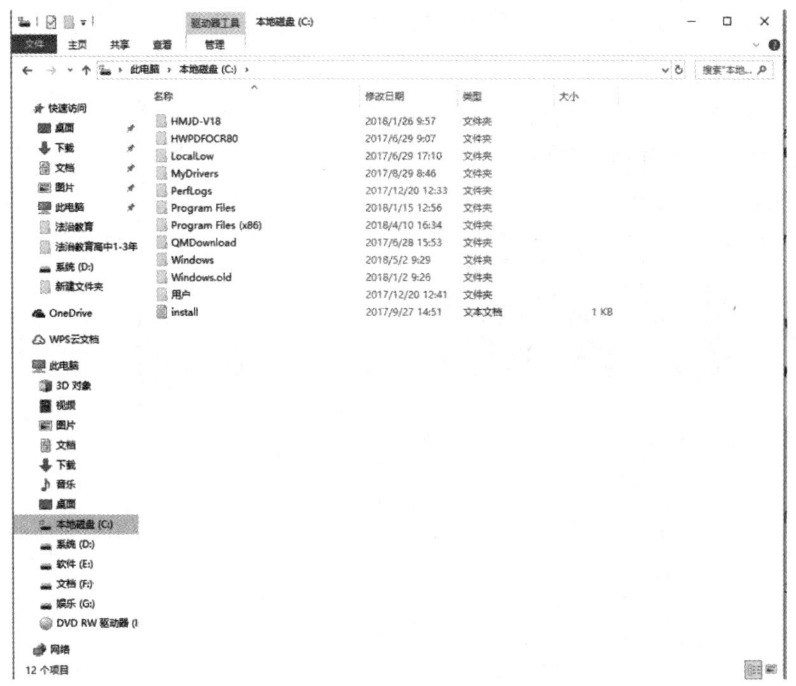

图 1–10　Windows 窗口的组成

①单击“此电脑”窗口右上角的“最大化”按钮(□)或双击标题栏，使窗口布满整个屏幕。此时“最大化”按钮变为“还原”按钮(⧉)。

提示：单击“此电脑”窗口右上角的还原按钮或双击标题栏，可将该窗口的大小和位置还原。

②单击“此电脑”窗口右上角的“最小化”按钮(–)，窗口缩小到任务栏上。

3) 移动窗口。

①将鼠标指针指向“此电脑”窗口的标题栏。

②按住鼠标左键不放，同时移动鼠标拖动窗口到任意位置，然后释放鼠标左键。

4）调整窗口的大小。

①将鼠标指针移到窗口的左边框或右边框上，使指针形状变为一个横向的双向箭头。

②按住鼠标左键不放，同时左右移动鼠标，则窗口的边框随之横向扩大或缩小。调整到适当大小时，释放鼠标左键即可。

③同理，在窗口的上边框或下边框处调整，可纵向改变大小；在窗口四个顶角处调整，可横向及纵向改变大小。

5）使用滚动条查看窗口内容。

①将“此电脑”窗口适当调小，使其不能显示所有的图标，此时窗口右侧或底部将出现滚动条。

②单击垂直滚动条上的向下或向上滚动箭头，可上下滚动显示窗口中的内容。

③拖曳垂直滚动条上的滚动块，可上下较大幅度滚动显示窗口中的内容。

④如果出现水平滚动条，可按照步骤②和③进行操作。

（2）查看窗口

打开“此电脑”窗口，依次按详细信息和大图标方式显示内容。

1）双击打开“此电脑”窗口，双击“(C:)”，单击菜单栏上的“查看”菜单，出现下拉菜单，如图 1–11 所示。

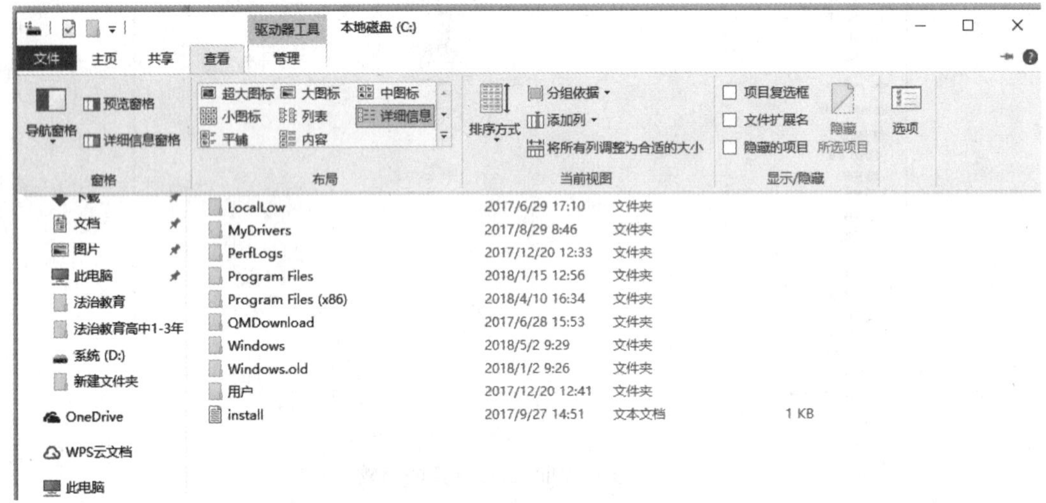

图 1–11 “查看”下拉菜单

提示：在菜单中可能看到如下一些情况：

- 暗淡的菜单项：表示该菜单项当前不可用。
- 菜单项前有“√”：表示该菜单项当前已经被选中有效。单击该项，就去除“√”记号。这种菜单项可在两种状态之间切换。
- 菜单项后有“▾”：表示该菜单项还带有其他子菜单。
- 菜单项后有组合键：表示该菜单项的快捷键，不必打开菜单，直接按该组合键就能执行相应的菜单命令。

2）执行“查看→详细信息”命令，则“(C:)”窗口中的内容按详细信息方式显示。

3）执行“查看→大图标”命令，“(C:)”窗口中的内容按大图标方式显示。

（3）使用“此电脑”窗口

打开“此电脑”窗口，进入 C:\Windows\Fonts 文件夹，退回“此电脑”文件夹，最后关闭“此电脑”窗口。

1）双击桌面上的“此电脑”图标，打开该窗口。

2）单击“C 盘”图标，在窗口下面的细节窗格会显示 C 盘的详细情况。

3）双击“C 盘”图标进入 C 盘下，双击“Windows”文件夹图标，进入 Windows 文件夹，此时右窗口中出现 Windows 文件夹下的内容。

提示：由于 C:\Windows 文件夹是系统文件夹，该文件夹中存放了许多系统文件，一旦误操作可能导致系统瘫痪，所以 Windows 系统对于该文件夹有“先隐藏，确认后才显示”的保护措施。

4）在右窗口中任意单击一个文件或文件夹，按 F 键，系统自动定位在第一个以 F 开头的文件或文件夹上，重复按 F 键直至光标定位在“Fonts”文件夹，按回车键进入“Fonts”文件夹。

提示：上述操作，同样也可直接双击“Fonts”进入该文件夹，这里重复地按 F 键是起定位的作用。

5）分别单击工具栏中的“后退”按钮三次，退回到“此电脑”文件夹下。

6）单击窗口右上角的“关闭”按钮。

2. 文件的选定

在窗口中对文件夹和文件进行选取等操作。

（1）启动“文件资源管理器”窗口

方法一：

单击任务栏“文件资源管理器”图标，打开窗口。

方法二：

右键单击“开始”，在弹出的快捷菜单中，选择“文件资源管理器”。

（2）展开 C 盘根目录下的 Windows 子目录

方法一：

1）向上拖动资源管理器左窗口中的垂直滚动条至出现“C:”驱动器处，释放鼠标，单击其前面的“ ”号，展开“C:”中的目录。

2）再次拖动滚动条，在左窗口中出现 Windows 文件夹时释放鼠标，单击前面的“ ”号将其展开，如图 1-12 所示。

提示：在文件资源管理器中，如果某个文件夹前边带有加框的“>”号，则表示这个文件夹下还有若干子文件夹，单击该“>”号，它的子文件夹就会显示出来，同时“>”号变为“∨”号；再单击“∨”号，它的子文件夹又会隐藏起来，同时“∨”号变为“ > ”号。若前面无“ ∨ ”、“ > ”符号则表示该文件夹无子文件夹。

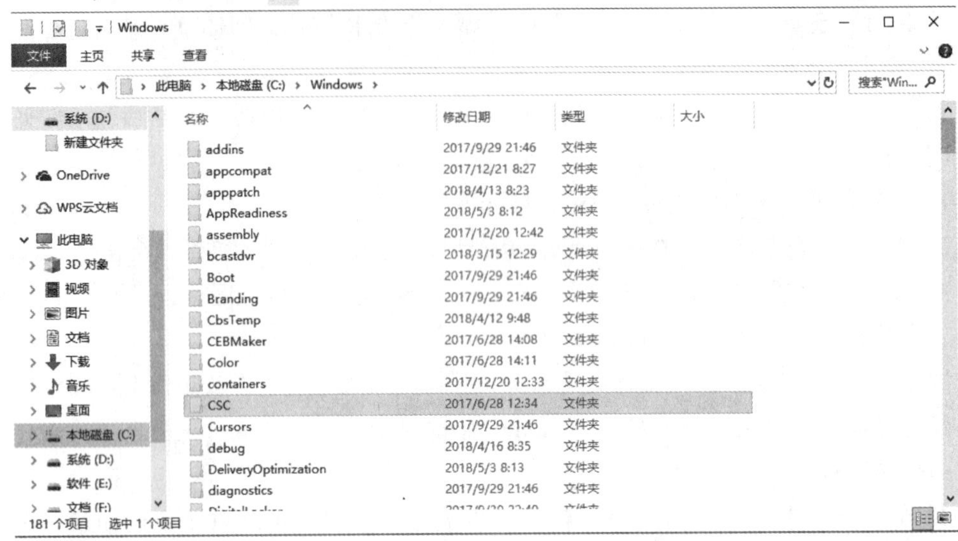

图 1-12 “Windows”文件夹的窗口

方法二：

直接在“地址”栏中输入“C:\Windows”后按回车键。

（3）选中多个连续文件夹

单击（激活）右窗口中的第 2 个文件夹，按住 Shift 键，单击第 8 个文件夹，释放 Shift 键，如图 1-13 所示，右窗口中的第 2 ～ 8 个文件夹全部被选中。

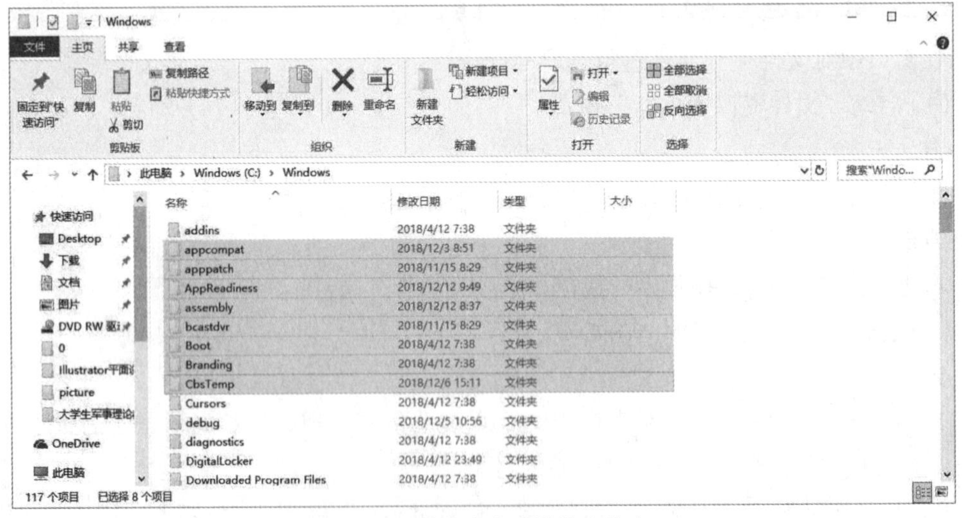

图 1-13 选中多个连续的文件夹

（4）选中多个不连续的文件夹

单击第 3 个文件夹，按住 Ctrl 键不放，单击第 1、第 4、第 8、第 10、第 12、第 15 个文件夹，选好文件夹后，释放 Ctrl 键，如图 1-14 所示。

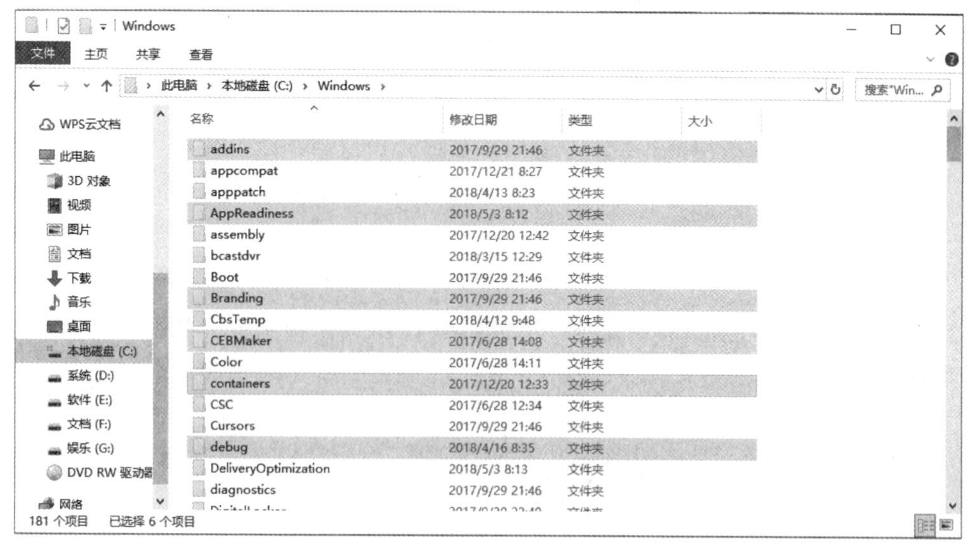

图 1-14 选中多个不连续的文件夹

提示：在选取文件或文件夹时，按住 Shift 键表示选择连续的内容，按住 Ctrl 键可选择不连续的内容，鼠标拖曳可选择所有被选中的内容。

（5）单击右窗口的空白处，取消所有文件夹的选中状态

（6）执行“文件→关闭”菜单命令，关闭“文件资源管理器”窗口

3. 文件的管理

（1）新建文件和文件夹

在 C:\ 下建立一个 WLx 文件夹，并在该文件夹下新建一个文本文件 Mytest.txt。

1）右键单击“开始”，在弹出的快捷菜单中，选择“文件资源管理器”。

2）在资源管理器左窗口单击“C:”驱动器，鼠标右击右窗口中的空白位置，执行快捷菜单中的“新建→文件夹”命令。

3）此时，右窗口中出现一个新建文件夹（新建文件夹），呈蓝底白字状。输入“WLx”，将文件夹改名为 WLx。

4）双击进入 WLx 文件夹，在右窗口空白位置鼠标右击，执行快捷菜单中的“新建→文本文档”命令。

5）此时，右窗口中出现一个“新建文本文档”文件，呈蓝底白字状。输入“Mytest.txt”，按回车键确认。

（2）文件的简单操作

打开 Mytest.txt，输入“ABCDEFGHIJKL”后保存并关闭文件；将该文件的属性改为只读文件。

1）在资源管理器窗口中双击 Mytest.txt 文件，系统自动用记事本应用程序打开该文件。

2）输入“ABCDEFGHIJKL”，如图 1–15 所示。

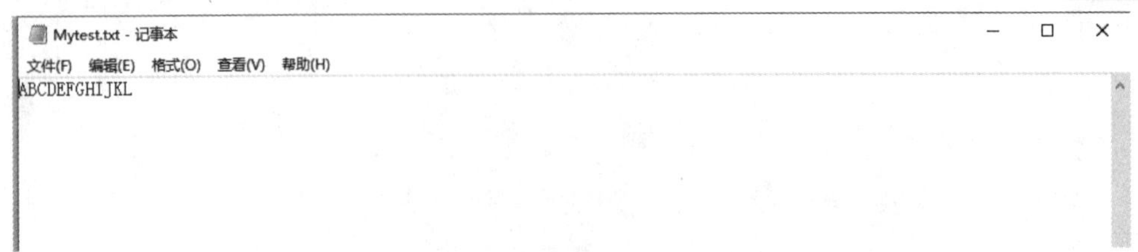

图 1–15　编辑“Mytest.txt”文件

3）执行“文件→退出”菜单命令，出现如图 1–16 所示提示框，单击“保存”按钮，保存并退出记事本程序。

图 1–16　“记事本”提示框

4）在资源管理器窗口中右击“Mytest.txt”文件，执行快捷菜单中的“属性”命令，出现“Mytest.txt 属性”对话框。

5）选中“只读”复选框，如图 1–17 所示，单击“确定”按钮。

图 1–17　“Mytest.txt 属性”对话框

（3）文件和文件夹的复制、移动、删除

将 C:\WLx\ 下 Mytest.txt 文件复制到 C 盘根目录下，改名为 NoteBook.txt，彻底删除 WLx 文件夹中的 Mytest.txt 文件，最后将 C 盘下的 NoteBook.txt 文件移动到 C:\WLx 文件夹下。

1）在窗口中右击 Mytest.txt 文件，单击快捷菜单中的“复制”按钮（或按 Ctrl+C 键），单击工具栏中的“后退”按钮，退回到 C:\ 下。

2）右击窗口空白处，单击快捷菜单中的“粘贴”按钮（或按 Ctrl+V 键），将 Mytest.txt 文件复制到 C:\ 下。

3）鼠标右击窗口中的 Mytest.txt 文件，执行快捷菜单中的“重命名”命令，输入“NoteBook.txt”。

4）双击文件夹“WLx”，进入 C:\WLx 文件夹下，右击 Mytest.txt 文件，单击快捷菜单中的“删除”按钮，如图 1–18 所示。

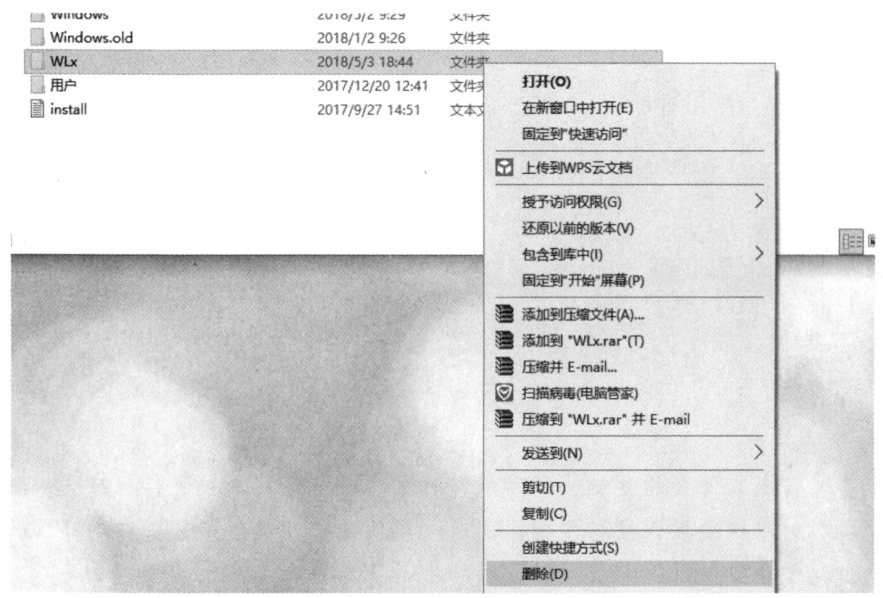

图 1–18　“确认文件删除”提示框

5）此时，可见 C:\WLx 文件夹下没有 Mytest.txt 文件了，双击桌面上的“回收站”图标，打开“回收站”窗口，如图 1–19 所示。

6）单击“清空回收站”文字，将回收站中的内容彻底删除。

提示：在 Windows 下删除的文件并不是彻底地从硬盘上删除，只是将其移动到回收站中，如果要彻底删除文件则需在回收站中删除对应的文件。

7）在资源管理器窗口中，单击“后退”按钮回到 C 盘根目录，单击 NoteBook.txt 文件，按住鼠标将其拖曳到左窗口中的 WLx 文件夹上（如图 1–20 所示），释放鼠标。

图 1-19 “回收站”窗口

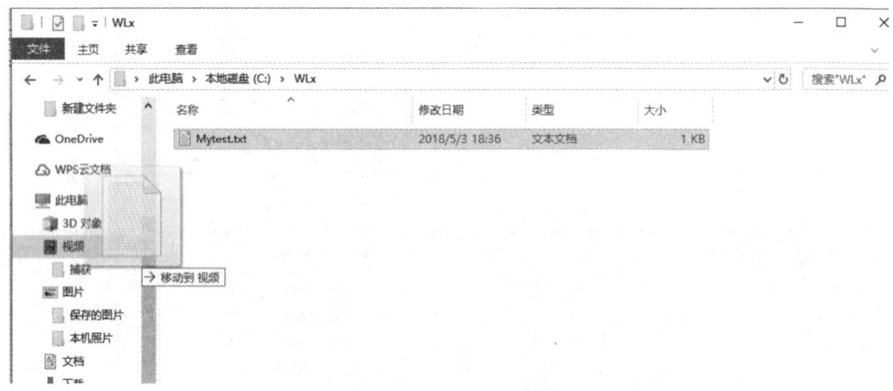

图 1-20 移动文件

提示：文件或文件夹的复制、移动操作时可通过拖曳的方式进行。在同一驱动器中进行复制操作时不仅要按住鼠标左键，同时也要按住 Ctrl 键；而进行移动操作时只需按住鼠标左键拖曳即可。

4. 汉字输入法

(1) 输入法的切换

切换英文输入状态与中文输入状态，然后循环切换各种输入法。

1) 通过任务栏中的输入法指示图标观察当前的输入法状态，如果在英文输入状态下，那么按 Ctrl+Space 键即可启动中文输入法。

提示：Space 键就是空格键，按 Ctrl+Space 键，可切换英 / 中文输入状态，按 Ctrl+Shift 键，可在不同的输入法之间进行切换。

2) 连续按 Ctrl+Shift 键，将输入法分别切换到微软拼音和拼音 ABC 状态，观察不同输入法状态栏之间的不同之处。

提示：通过单击输入法指示图标，在弹出的菜单中进行选择，也可以达到切换的目的。

（2）智能 ABC 输入法的使用

打开写字板应用程序，使用中文（简体，中国）微软拼音输入法输入要求的字符。

输入文字：

问君能有几多愁，

恰似一江春水向东流。

1）单击桌面左下角的“开始”按钮，执行“Windows 附件→写字板”菜单命令，打开写字板应用程序。

2）单击任务栏的项目指示器中的输入法图标，在出现的快捷菜单中选择“中文（简体，中国）搜狗拼音输入法”。

3）中文（简体，中国）搜狗拼音输入法启动后，输入“da”，并按空格，出现的汉字候选，按 Esc 键取消输入字符。

4）输入“wen”，按空格键，在外码框中出现“问”，再次按空格键，输入“jun”，按空格键，选择 2。

5）同理输入“能”“有”“几”“多”“愁”，输入“，”，按回车键。

6）输入“qiasi”，按空格键，在外码框中出现“恰似”，再次按空格键。

7）输入“yijiangchunshui”选择 1，按空格键。

提示：搜狗拼音对确认过的词组有记忆功能，如此处已经确认得词组“一江春水”，下次输入时，只需输入“yijiangchunshui”，按空格键后，即可在外码框中出现该词组。

8）同理输入“向东流”。

（3）标点、特殊符号的输入

续上一个任务，输入以下字符：

，。、?!《》<>

☆ ※ →　§

1）单击在智能 ABC 输入法的状态栏上“中英文标点切换”按钮，使其为（ •， ）状态（若已经中文标点状态就不需要单击该按钮），在窗口中输入“，”“。”“、”（按“\”键）、“?”“!”“《》”（按住 Shift 键，再分别按“<”、“>”键），输入回车键。

提示：当处于中文符号方式时，输入的标点符号为全角字符，占一个汉字的位置。在操作会计核算软件时，因为要输入金额等含有小数点的数字，所以，必须切换到英文标点状态下，否则，小数点变成了句号。

2）单击输入法状态栏上的“中英文标点切换”按钮，切换为英文标点输入状态（ •, ），输入“<>”。

3）单击输入法状态栏上的“功能菜单”，鼠标移到“软键盘”处，单击“特殊符号”命令，如图 1-21 所示，屏幕上出现“特殊符号”软键盘，如图 1-22 所示。

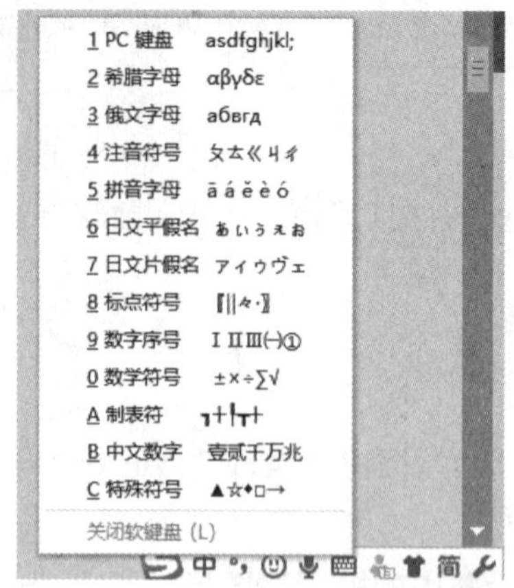

图 1-21 “功能菜单”里的软键盘

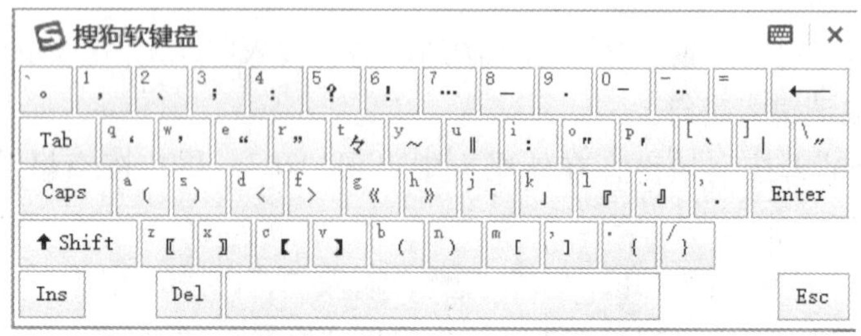

图 1-22 “特殊符号”软键盘

4）按任务要求选择相应的特殊符号，完成后单击“软键盘”按钮，关闭软键盘。

5. 写字板的使用

（1）文本编辑

续上个任务，对输入文本进行编辑：将第四行文本复制到第二行文本前，删除第五行（原第四行）文本，最后将第四行文本移到第一行文本之前，如图 1-23 所示。

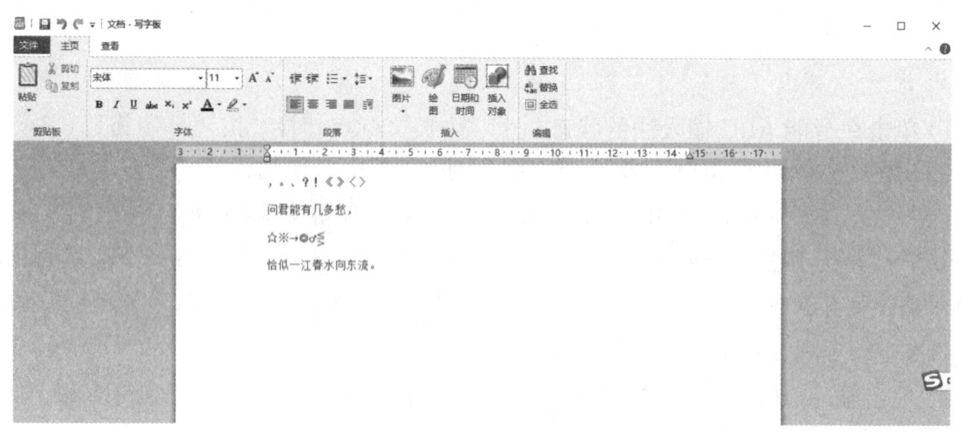

图 1-23 用写字板程序编辑文本

1）将光标定位在第四行文本中，连续三击鼠标，选中第四段文本，右击选中文本处，单击“复制”，将光标定位在第二行文本的最前端，右击鼠标，单击“粘贴”。

2）将光标定位在第五行文本中，连续三击鼠标，选中第五段文本，按 Delete 键删除。

3）选中第四段文本，右击选中文本处，单击“剪切”，将光标定位在第一行文本的最前端，右击鼠标，单击“粘贴”。

（2）查找与替换

续上个任务，对文本查找替换的编辑：统计文档中“，”的个数；将所有的“。”替换为“☆”。

1）将光标定位在第一行行首，执行“编辑→查找”菜单命令，出现“查找”对话框。

2）在“查找内容”框中输入“，”，单击“查找下一个”按钮，光标定位在第一个“，”处，再单击“查找下一个”按钮，光标定位在第二个“，”处，如图 1–24 所示。

图 1–24 “查找”对话框

3）单击“查找下一个”按钮，出现提示框，提示此次搜索完成，单击“确定”按钮，单击“查找”对话框中的“取消”按钮。

4）在文档中选中“☆”，按 Ctrl+C 键，将光标定位在第一行行首，执行“编辑→替换”菜单命令，出现“替换”对话框。

5）在“查找内容”框中输入“。”，在“替换为”框中按 Ctrl+V 键，输入“☆”，单击“全部替换”按钮，出现提示框，单击“确定”按钮，如图 1–25 所示，单击“取消”按钮。

（3）设置格式

续上个任务，对文本进行格式编辑：将所有文字改为“楷体”“20 磅”“粗斜体”“居中”，文档以“我的作品 .doc”保存在 C 盘 WLx 文件夹下。

1）按 Ctrl+A 键，选中所有文档，单击“字体”列表框的下拉箭头，选择“楷体”，“大小”列表框中选择“20”。

2）“字体样式”列表框中选择“粗体”“斜体” **B** *I*，单击“确定”按钮。

3）保持选中状态，单击“字体”选项卡中“居中”按钮，取消文档的选中状态。

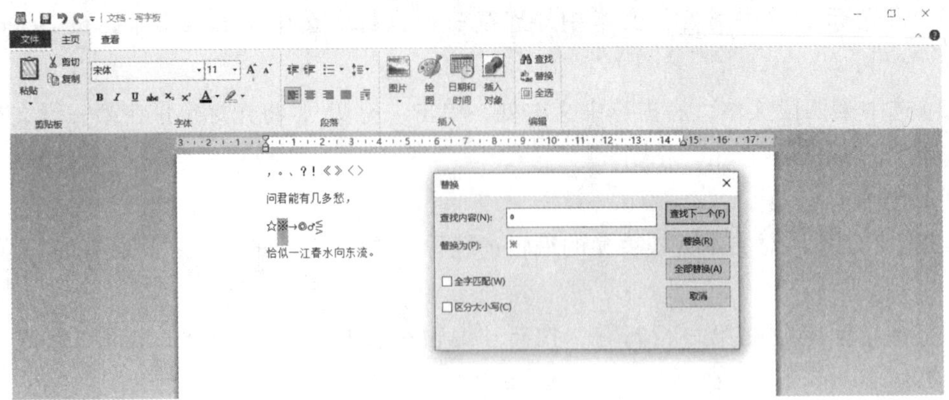

图 1–25 “替换”对话框

4) 执行窗口左上角的“保存” ，出现“保存为”对话框。

5) 在左窗格中，单击选择“C:”，在右方窗格中双击“WLx”文件夹，在“文件名”框中输入“我的作品”，如图 1–26 所示，单击“保存”按钮。

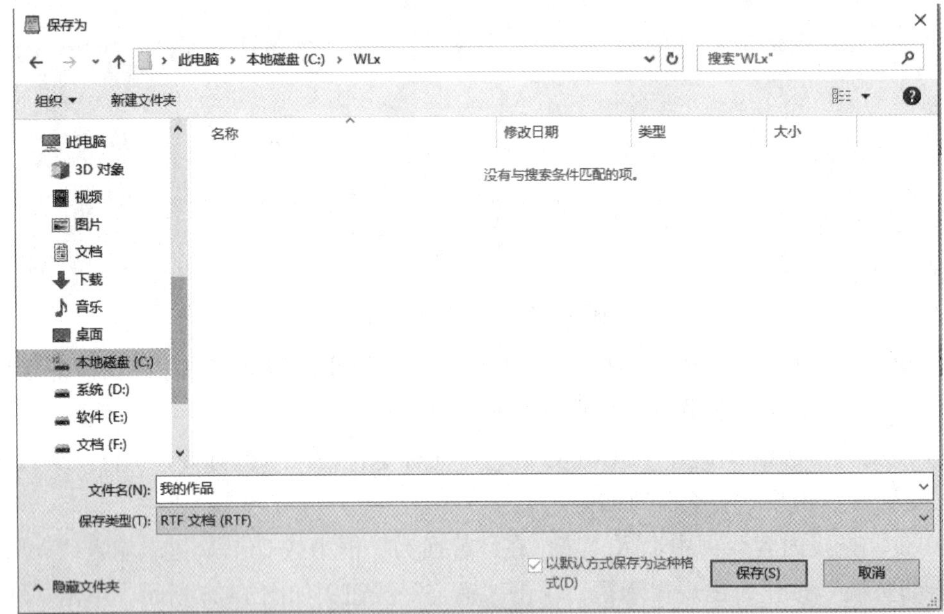

图 1–26 “保存为”对话框

6) 单击窗口右上角的“关闭”按钮，关闭文档。

6. 剪贴板

(1) 剪贴板基本操作

打开 WLx 文件夹下的 NoteBook.txt，将其中文本复制到“我的作品 .rtf”文件中。

1) 打开“此电脑”窗口，进入 C:\WLx 文件夹。

2) 双击“NoteBook.txt”文件，打开该文件。

3) 在记事本窗口中，选中 NoteBook 文件中所有文字，按 Ctrl+C 键。

4）打开写字板程序，执行“文件→打开”菜单命令，出现“打开”对话框。

5）打开“C:\WLx\”下的“我的作品.rtf”文件，将光标定位在文件的末尾，按Ctrl+V键。

（2）图形的剪切

续上一任务，将记事本窗口复制到“我的作品.rtf”中。

1）激活“记事本”程序，按Alt+Print Screen键。

2）激活“写字板”程序，将光标定位在最后，按回车键换行，按Ctrl+V键粘贴。

3）单击工具栏中的“保存”按钮，单击“关闭”按钮，关闭“写字板”窗口。

4）关闭“记事本”窗口。

7. 磁盘操作

注意：由于硬盘上存放有大量且重要的数据信息，因此这里只以USB存储设备（移动硬盘、U盘等）来介绍磁盘操作，硬盘的操作与其类似。

8. 格式化U盘

（1）双击“此电脑”图标，打开“此电脑”窗口。

（2）右击窗口中U盘图标“可移动磁盘”，执行快捷菜单中的“格式化”命令，出现“格式化可移动磁盘（H:）”对话框。

（3）在格式化对话框的“容量”下拉框中选定需要格式化磁盘的容量，并通过“文件系统”下拉列表框，可以选择将磁盘格式化成NTFS、FAT32或exFAT三种文件系统格式，如图1-27所示，然后单击“开始”按钮。

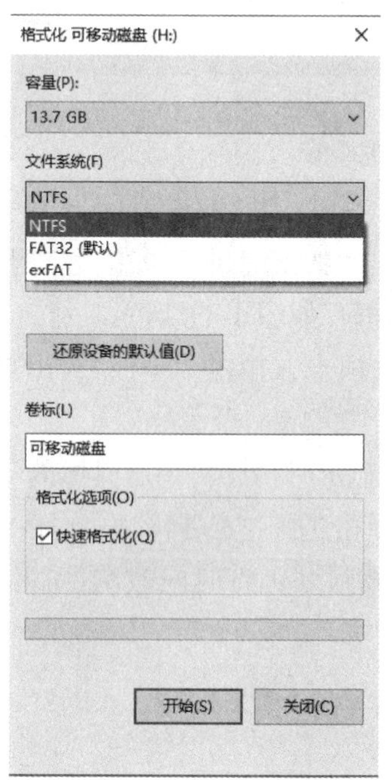

图1-27　“格式化”对话框

（4）系统再次警告：“格式化将删除该磁盘上的所有数据”。单击“确定”按钮，磁盘就开始格式化了。格式化完毕出现格式化结果对话框，单击“确定”按钮返回。

（5）单击“关闭”按钮，关闭“格式化”对话框。

任务 3　Windows 10 系统的基本配置与控制

任务目的

1. 掌握系统时间及日期的设置。
2. 了解基本的系统配置方法。
3. 掌握声音和显示属性的设置。
4. 掌握打印机的管理方法。

任务内容

本任务将带领大家了解 Windows 10 系统的基本配置与控制，通过熟悉 Windows 10 的系统时间与日期设定的方法和前面两个任务的练习，能够掌握 Windows 10 系统配置的方法，会设定声音属性和显示属性，并能对打印机进行管理。

任务步骤

1. 系统时间与日期的设定

将当前的系统日期改为 2018 年 5 月 3 日，时间为 19 点 33 分 0 秒。

（1）将鼠标指向任务栏右端的数字时钟，单击数字时钟，单击“更改日期和时间设置”，出现“日期和时间”对话框，如图 1–28 所示。

（2）选择“日期和时间”选项卡，单击“更改”，出现“日期和时间设置”对话框，如图 1–29 所示。

（3）单击具体的日期，此时显示月份，再单击具体的年份。

（4）单击选择“2018”，再单击选择“5 月”，再单击“3”。

（5）光标定位在“时间”微调框，将时间改为“19：34：00”，单击“确定”按钮，再单击“确定”按钮。

（6）观察任务栏的日期时间，已经更改。

图 1-28　“日期和时间”对话框

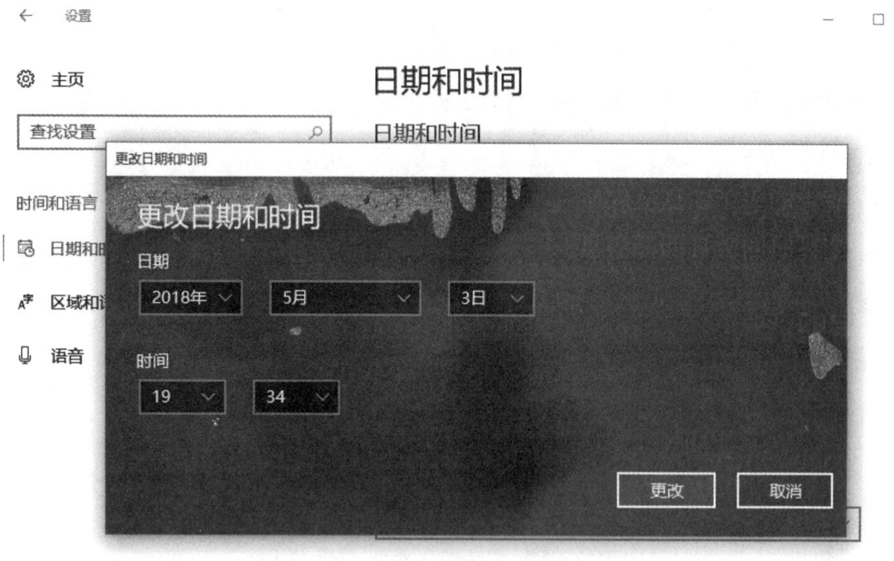

图 1-29　“日期和时间设置”对话框

提示：练习后，请将系统时间恢复。

2. 系统配置

查看当前使用机器的显示卡型号。

(1) 选择“开始”命令，打开“Windows 设置”窗口。

(2) 单击“设备”图标，出现“蓝牙和其他设备”对话框，如图 1-30 所示。

图 1-30 “蓝牙和其他设备”对话框

（3）关闭对话框。

3. 显示的属性设定

（1）将桌面背景设置为“中国”分组中的图片“CN_wp5”

1）在桌面空白位置右击鼠标，执行快捷菜单中的“个性化”命令，出现“背景”窗口，如图 1-31 所示。

图 1-31 “选择桌面背景”窗口

2）此时下面的列表框中会显示场景、风景、建筑、人物、中国和自然 6 个图片分组的 36 张精美图片，这里移动垂直滚动条往下，在“中国”分组中的图片“CN_wp5”上单击将其选中（在“桌面背景”窗口中可选择一幅喜欢的背景图片，或选择多个图片创建幻灯片。也可以单击“浏览”按钮，在本地磁盘或网络中选择其他图片作为桌面背景）。在“图片位置”下拉列表框中有“填充”“适应”“居中”“平铺”“拉伸”五个选项，用于调整背景图片在桌面上的位置。

3）桌面背景选好再单击“保存修改”按钮，返回“更改计算机上的视觉效果和声音”窗口。

（2）将屏幕保护程序设置为“彩带”，等待时间为 2 分钟

4. 打印机管理

安装一台本地打印机，打印机端口为 LPT1，打印机名为“Epson 打印机”，型号为 Epson 公司的“LQ–1600K”。

（1）打开开始菜单，在左下角有一个齿轮图标的按钮，点一下它，如图 1–32 所示。

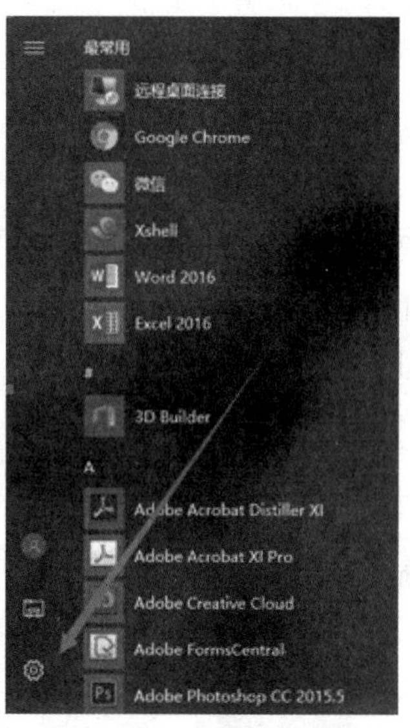

图 1–32　点击“开始”

（2）在打开的 WINDOWS 设置窗口中点击“设备”，如图 1–33 所示。

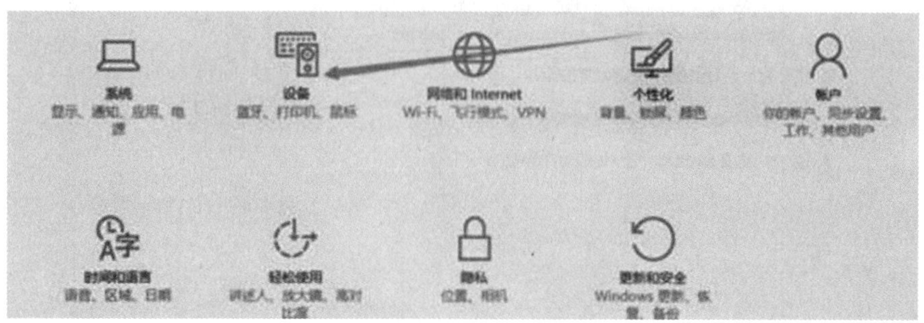

图 1–33　点击“设备”

（3）接下来会打开一个页面，最上方有一个添加打印机和扫描仪的按钮，点击进行打印机添加，如图 1–34 所示。

图 1–34　点击“打印机和扫描仪”

（4）系统会扫描网络中可用的打印机（然而它自己并不能找到我们的打印机），过一会儿会显示一个选项“我需要的打印机不在列表中”，点击这个选项，如图 1–35 所示。

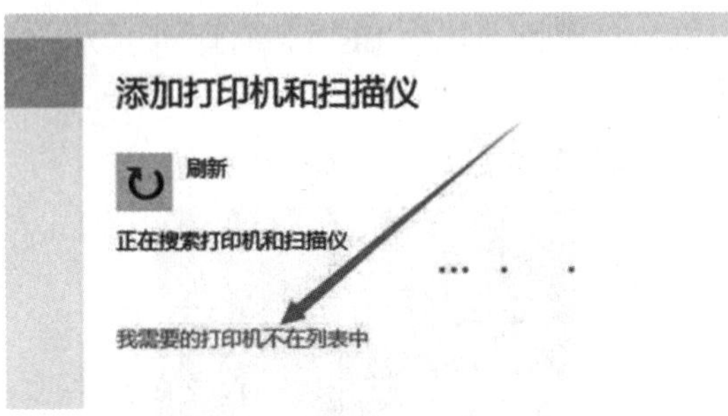

图 1–35　点击“我需要的打印机不在列表中”

（5）接下来会弹出一个添加打印机的对话框，选择“使用 TCP/IP 地址或主机名添加打印机”。然后点击下一步，如图 1–36 所示。

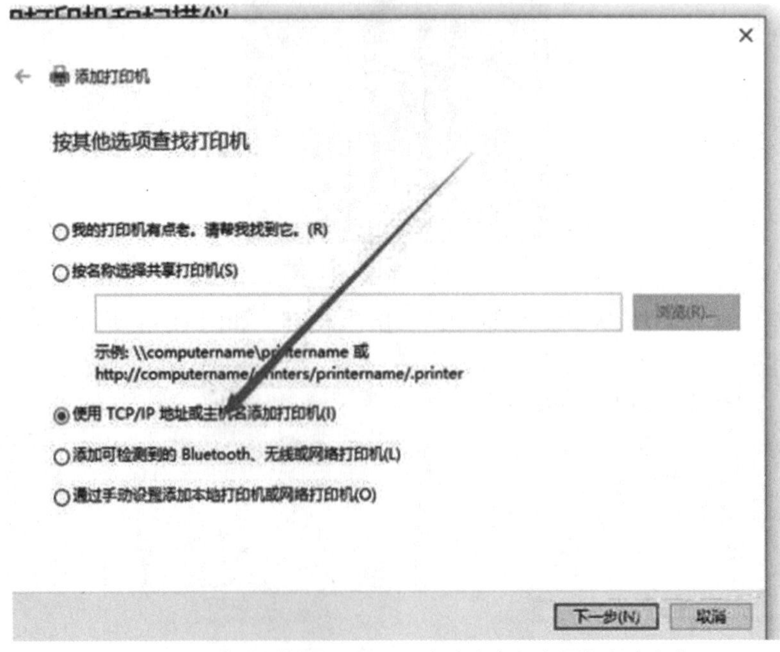

图 1–36　点击“使用 TCP/IP 地址或主机名添加打印机”

（6）接下来在主机名或 IP 地址一栏中填入打印机的 IP 地址，并点击下一步，如图 1–37 所示。

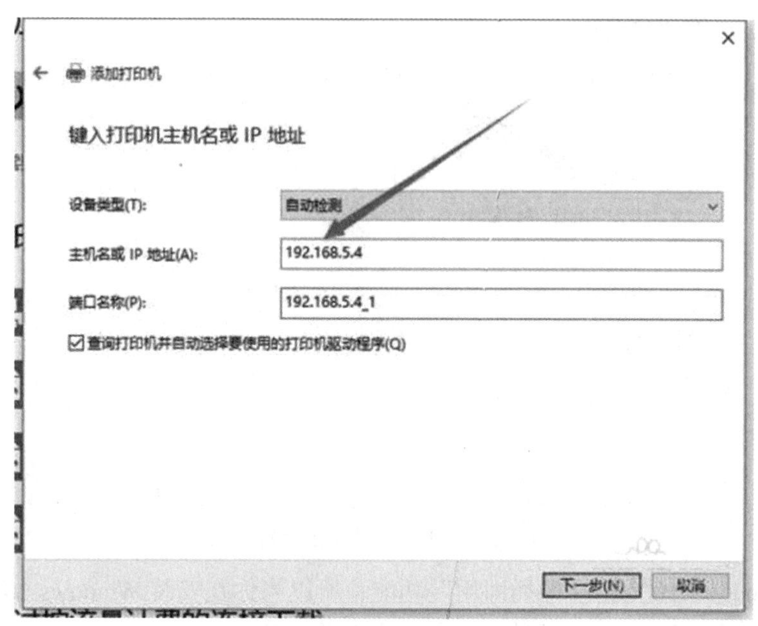

图 1–37　填入打印机的 IP 地址

（7）接下来会让我们设置打印机的名称，使用默认设置，并点击下一步，如图 1–38 所示。

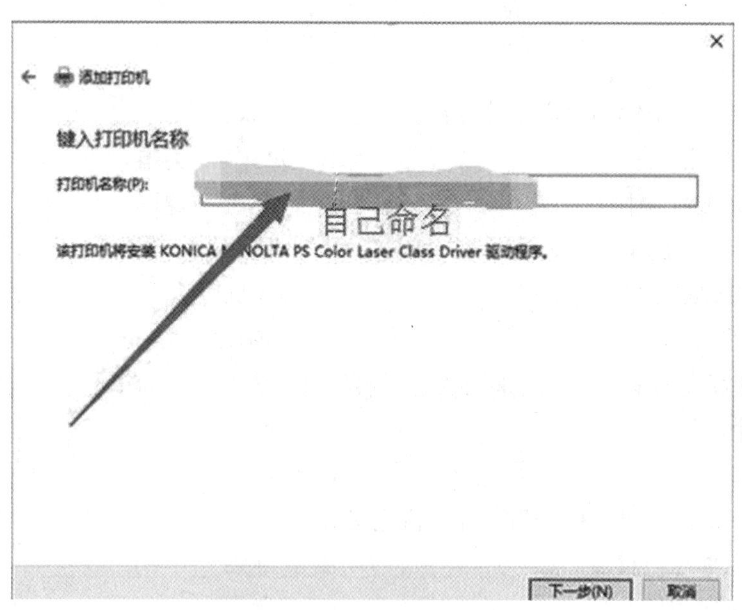

图 1–38　设置打印机名称

（8）最后系统会让我们选择是否共享这个打印机，选择不共享。并点击下一步即可，如图 1–39 所示。

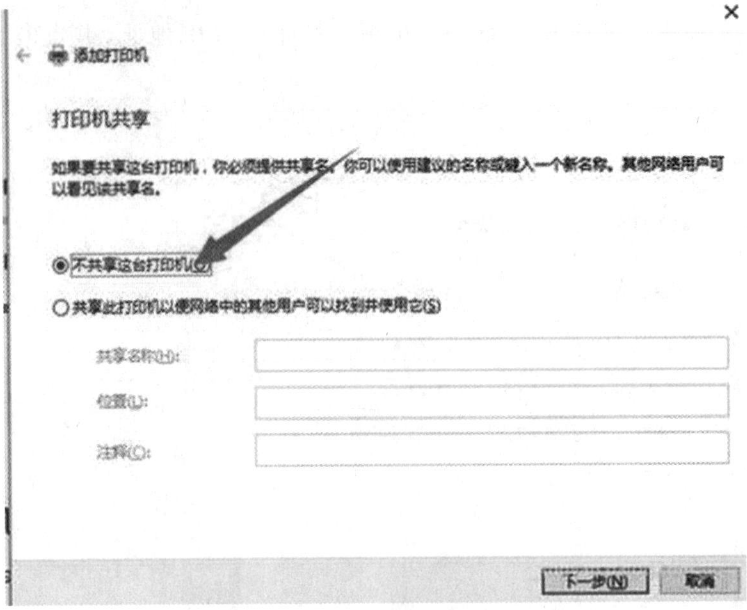

图 1-39　点击“不共享这台打印机”

因为 Windows 10 支持“即插即用”功能，所以当你在安装 Windows 10 时如果主机上已连有打印机，那么，系统会自动提示你安装打印机。

习题

一、选择题

1.(　　)世界上第一台电子计算机诞生在(　　)。

A. 1946 年、法国　　B. 1946 年、美国

C. 1946 年、英国　　D. 1946 年、德国

2. 1946 年诞生的世界上公认的第一台电子计算机是(　　)。

A. UNIVAC–I　　B. EDVAC

C. ENIAC　　D. IBM650

3. 电子计算机的发展按其所采用的逻辑器件可分为(　　)阶段。

A. 2 个　　B. 3 个

C. 4 个　　D. 5 个

4.(　　)被计算机界称誉为“计算机之父”。

A. 查尔斯 · 巴贝奇　　B. 莫奇莱

C. 冯 · 诺依曼　　D. 艾肯

5. 下列四条叙述中，正确的一条是(　　)。

A. 世界上第一台电子计算机 ENIAC 首次实现了“存储程序”方案。

B. 按照计算机的规模，人们把计算机的发展过程分为四个时代。

C. 微型计算机最早出现于第二代计算机中。

D. 冯・诺依曼提出的计算机体系结构奠定了现代计算机的结构理论基础。

6. 到目前为止，电子计算机的基本结构都基于同一个思想，这个思想最早是由（　　）提出的。

A. 布尔　　B. 冯・诺依曼

C. 牛顿　　D. 图灵

7. 在下列四条叙述中，正确的一条是（　　）。

A. 最先提出存储程序思想的人是英国科学家艾伦・图灵

B. ENIAC 计算机采用的电子器件是晶体管

C. 第三代计算机期间出现了操作系统

D. 第二代计算机采用的电子器件是集成电路

8. PC 机的更新主要基于（　　）的变革。

A. 软件　　B. 微处理器

C. 存储器　　D. 磁盘容量

9. 下列关于世界上第一台电子计算机 ENIAC 的叙述中，错误的是（　　）。

A. 世界上第一台计算机是 1946 年在美国诞生的

B. 它采用电子管作为主要电子器件

C. 确定使用高级语言进行程序设计

D. 它主要用于弹道计算

10. 办公自动化（OA）是计算机的一项应用，按计算机应用分类，它属于（　　）。

A. 数据处理　　B. 科学计算

C. 实时控制　　D. 辅助设计

11. 在 Windows 的“资源管理器”窗口中，若文件夹的图标前面含有“+”符号，则表示（　　）。

A. 该文件夹中可以添加子文件夹　　B. 该文件夹中含有未展开的子文件夹

C. 该文件夹中不含有子文件夹　　D. 子文件夹已展开答案

12. Windows 中，在树型目录结构下，不允许两个文件名（包括扩展名）相同指的是在（　　）。

A. 不同磁盘的不同目录下　　B. 不同磁盘的同一个目录下

C. 同一个磁盘的不同目录下　　D. 同一个磁盘的同一个目录下

13. 下列属于输出设备的是（　　）。

A. 键盘　　B. 鼠标

C. 扫描仪　　D. 显示器、音响和绘图仪

E. 手字板　　F. UPS

14. 一个完整的计算机系统包括（　　）。

A. 计算机及其外部设备　　B. 主机、键盘、显示器

C. 系统软件和应用软件　　D. 硬件系统和软件系统

15. 在计算机中存储数据的最小单位是（　　）。

A. 字节　　B. 位

C. 字　　D. 记录

16. 计算机中基本的存取单位是（　　）。

A. 位　　B. 字节

C. 字　　D. 字长

17. 微机中 1K 字节表示的二进制位数是（　　）。

A. 1000　　B. 8×1000

C. 1024　　D. 8×1024

18. 用一个字节最多能编出（　　）不同的码。

A. 8 个　　B. 16 个

C. 128 个　　D. 256 个

19. 扩展名为 . MOV 的文件通常是一个（　　）。

A. 音频文件　　B. 视频文件

C. 图片文件　　D. 文本文件

20. ASCII 码是（　　）的简称。

A. 英文字符和数字　　B. 国际通用信息代码

C. 国家标准信息交换代码　　D. 美国标准信息交换代码

二、填空题

1. 在 Windows 中，要弹出文件夹的快捷菜单，可将鼠标指向该文件夹，然后按 ____________ 键。

2. 在 Windows 的“回收站”窗口中，要想恢复选定的文件或文件夹，可以使用“文件”菜单中的 ____________ 命令。

3. 在计算机系统中通常把运算器、控制器和存储器合称为 ______。

4. 计算机的结构包括运算器、控制器、______、输入部分和输出部分。

5. 当前微机系统最常使用的输出设备是 ____________ 和 ____________。

6. Windows 桌面底部的条形区域称为“任务栏”。左端是 ____________ 按钮，右端是状态指示器。

7. 计算机的指令由 ____________ 和操作数或地址码组成。

8. 十六进制数 3D8 用十进制数表示为 ____________。

9. 微型计算机的主机由控制器、运算器和 ____________ 构成。

10. 操作系统的功能由 5 个部分组成：处理器管理、存储器管理、____________管理、____________管理和作业管理。

三、判断题

1. 操作系统是软件和硬件之间的接口。
2. 在 Windows 中所有菜单只能通过鼠标才能打开。
3. 已格式化过的软盘，不能再进行格式化。
4. 鼠标左键双击和右键双击均可打开一个文件。
5. 中文操作系统只适用于使用汉字操作，而不适用于英文操作。
6. 计算机操作系统只有 Windows。
7. 世界上第一台计算机诞生于 1946 年。
8. 在计算机内，符号采用二进制编码表示。
9. 存储器指的就是内存。
10. 打印机只能打印字符和表格，不能打印图形。

四、操作题

1. 在桌面上新建名为“大理学院”的文件夹，并在该文件夹下建立名为“计算机应用基础”“通知”的二级文件夹。
2. 为“控制面板”中的“显示”建立一个桌面快捷方式。
3. 将 D 盘下所有文件扩展名为“. doc”文件复制到“计算机应用基础”文件夹中。
4. 在计算机的 D 盘根文件夹下新建一个文件夹，并以自己的名字来重命名。在刚才新建的文件夹中为“记事本”建立一个快捷方式。设置在标题栏中显示完整的路径名。设置屏幕保护程序为“Windows 10”，等待时间为 2 分钟。

项目二　使用 Word 2013 编写文档

【项目要点】

本项目的教学目的是使学生掌握在 Windows 10 环境下使用 Word 2013 进行文字处理和格式编排的技术、方法。本项目共有 7 个任务，主要从以下几个方面考查学生的学习情况。

1. 掌握 Office 2013 办公助手的使用方法和帮助功能。

2. 熟练掌握 Word 2013 的窗口组成。掌握窗口中标题栏、菜单栏、工具栏、标尺、编辑区、滚动条、视图切换按钮，以及状态栏中各菜单、按钮的功能及其使用方法等。

3. 熟练掌握文档的创建、输入、打开、保存和关闭的方法。掌握中英文的输入及各种符号的输入方法。

4. 熟练掌握文档的编辑方法，包括文本的选定、删除、移动和复制等。掌握文档中指定文本的查找与替换的方法，错误操作的撤销与恢复，以及对输入的中英文进行拼写和语法的检查等。

5. 熟练掌握格式化文档的方法，包括字符的格式化和段落的格式化。

6. 熟练掌握表格的制作方法。掌握表格的创建、编辑及格式化的方法，以及在表格中利用公式进行简单计算的方法。

7. 掌握在文档中插入对象的方法。包括插入图表、数学公式、剪贴画、艺术字、文本框等对象，以及插入对象的格式设置。

8. 掌握各种屏幕视图方式，以及文档的页面设置、分栏排版、页码编制、打印预览及文档的打印方法等。

任务 1　Word 2013 的基本操作

任务目的

1. 熟悉 Word 2013 窗口环境。

2. 熟练掌握一种汉字输入方法和各输入法之间的切换方法。

3. 了解使用 Word 2013 创建文档的方法，并掌握其基本操作。

任务内容

本任务将带领大家了解 Word 2013 的基本操作，通过启动 Word 2013，熟悉 Word 2013 的窗口，能够创建新文档，并对文档进行保存；能够录入文字及插入日期、时间和符号；能够对相关内容进行查找和替换。

任务步骤

1. 创建新文档

选择“开始”→“所有程序”→“Microsoft Office”→“Microsoft Office Word 2013”，出现 Word 的启动画面，同时建立一个新的 Word 文档。还可以用其他方法创建新文档。

2. 录入文字及插入日期、时间和符号

（1）输入文字

输入文字时，文字会出现在插入点（也称当前位置，即屏幕上一直闪动的小竖条，其状态显示在 Word 状态栏中）前。如果要在文字中间插入新的内容，可将鼠标指针移动到相应位置单击，插入点即移到该位置，也可以按方向键移动插入点。

从任务栏的输入法指示器中选择一种汉字输入法输入文字。当文字录入达到一行的最右侧时会自动换行。按回车键可以另起一段。

另外，Word 还具有“即点即输”功能，在想要输入文字的位置双击左键，插入点即被定位于此，可以在此位置输入新的文字内容。

提示：如果双击无效，可执行“工具”→“选项”，切换到“编辑”选项卡，勾选“启用‘即点即输’”项。

（2）插入和改写文字

在默认方式下，在一行中插入文字时，原有的文字会随插入的文字向右移动。但如果双击“状态栏”上的“改写”按钮（或按 Insert 键）转换为改写状态后（其字体颜色将由灰色变为黑色），新输入的文字会把右侧已有的文字覆盖，再次双击此按钮将返回“插入”状态。

（3）删除文字

按退格键 Backspace（←）可删除插入点左侧的错误文字，按删除键（Delete）可删除插入点右侧的错误文字。选中文字块再按退格键或删除键（或执行“编辑”→“清除”→“内容”）可将选择文字全部删除。

其他删除快捷键：

Ctrl+Backspace：删除插入点左边的单词（或汉语词组）。

Ctrl+Delete：删除插入点右边的单词（或汉语词组）。

3. 保存文档

选择“文件”菜单中的“保存”命令，打开“另存为”对话框，如图 2–1 所示。输入文件名，单击“保存”按钮。执行“文件”菜单中的“关闭”命令，退出 Word。

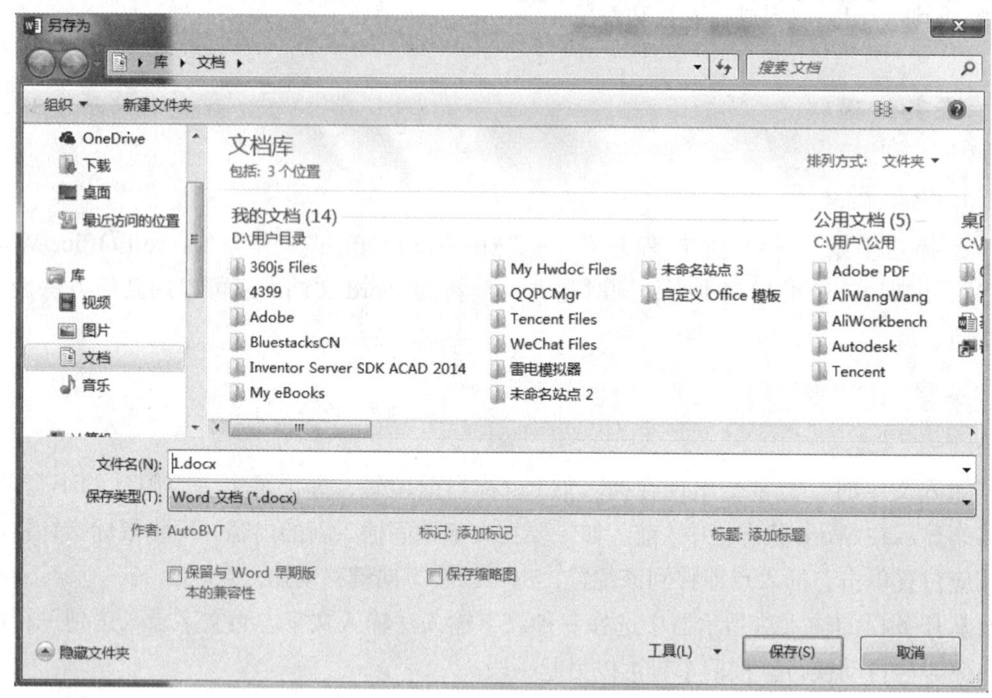

图 2–1 “另存为”对话框

4. 打开文档

再次启动 Word，执行“文件”菜单中的“打开”命令。从“打开文件”对话框中如图 2–2 所示选择“输入文字”文档，单击“打开”按钮。

5. 查找与替换

打开“开始”选项卡“编辑”组中的“替换”命令，打开“查找和替换”对话框，如图 2–3 所示。在“查找内容”文本框中输入“插入点”，在“替换为”文本框中输入“光标”，单击“全部替换”按钮。

图 2-2 “打开文件”对话框

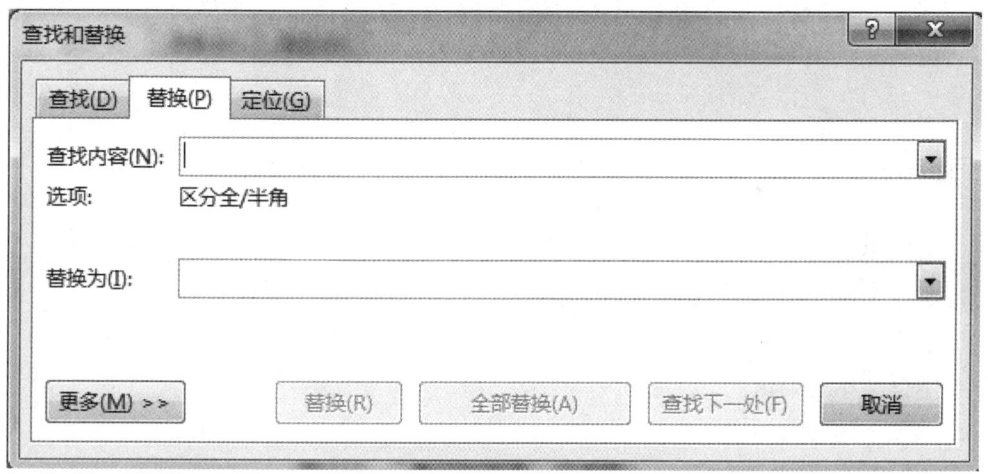

图 2-3 “查找和替换”对话框

知识拓展

在 Word 2013 中内置了许多模板，模板有多种用途，如编写公文模板、书信模板等，用户可以根据实际需要选择模板创建 Word 文档。

打开 Word 2013 文档窗口，选择“文件”选项卡中的“新建”命令，在右侧列出了 Word 2013 中内置的新建文档模板，如图 2-4 所示。

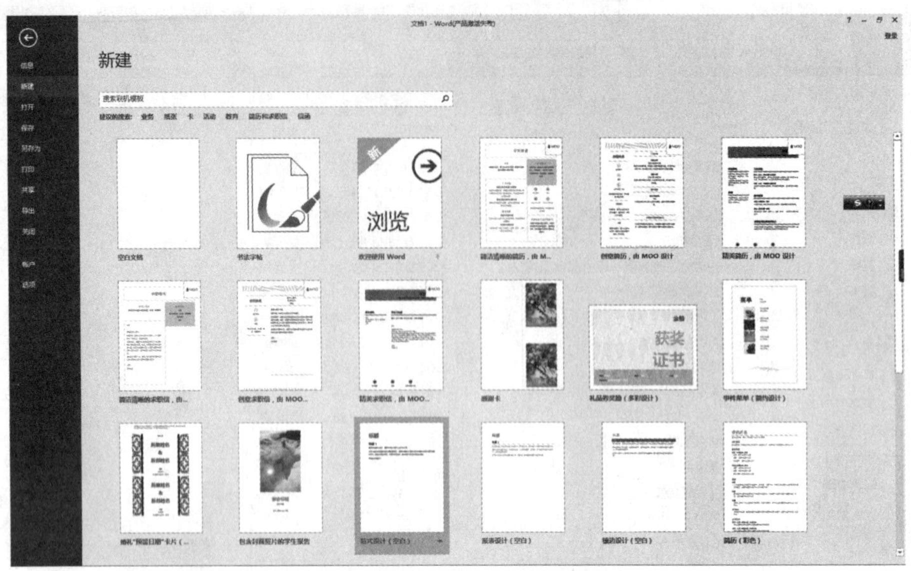

图 2-4　新建文档模板

任务 2　编写个人简历（文字输入部分）

任务目的

1. 掌握 Word 2013 的安装、启动、退出。
2. 掌握 Word 文档的创建、保存。
3. 熟悉 Word 的界面。
4. 掌握文本的编辑。
5. 熟悉不同的页面视图方式。
6. 了解对文档进行加密。

任务内容

本任务将带领大家使用 Word 2013 编写一份个人简历。通过安装、启动 Word 2013，输入个人简历的自荐信（图 2-5），能创建一个以“个人简历”为名称的 Word 文档，并保存到 D 盘，还能给文档设置打开密码。

任务步骤

1. 安装 Word 2013。选择“我的电脑”→“D:\ 素材实例 \Office 2013\setup.exe”命

令，如图 2-6 所示。

自荐信

尊敬的领导：

你们好！

首先，真诚地感谢您从百忙之中抽出时间来看我的自荐材料!为一个即将毕业的学生打开了一扇通往成功的期望之门，我将会以我最大的努力来帮助贵公司，为贵公司做出自己最大的工作业绩!

我是北京师范大学 2018 届的一名毕业生，怀着对贵校的尊重与向往，我真挚地写了这封自荐信，向您展示一个完全真实的我，期望贵公司能接纳我成为其中的一员。

我是一个性格开朗、极富耐心和职责心的师范学生。开朗的性格使我充满活力，而且从容自信的应对学习、工作与生活。我具有爱心和强烈的职业道德感，勇于超越自我是我的人生信条，具有远大的目标是我不断前进的动力，能在平凡的教育岗位上做出不平凡的业绩是我的人生追求。

我来自农村，艰苦的条件磨练出我顽强拼搏、不怕吃苦的坚韧个性。我很平凡，但我不甘平庸。未来的道路上充满了机遇与挑战，我正激越豪情、满怀斗志准备迎接。我坚定地认为：天生我材必有用，付出总会有回报!

我深深地懂得：昨日的成绩已成为历史，在这个竞争激烈的这天，只有脚踏实地、坚持不懈地努力，才能获得明天的辉煌;只有不断培养潜力，提高素质，挖掘内在的潜能，才能使自己立于不败之地。本着检验自我、锻炼自我、展现自我的目的，我来了。也许我并不完美，但我很自信：给我一次机会，我会尽我最大的努力让您满意。

从小我就有当一名老师的愿望，如今愿望即将实现了，十分的开心，我怀着满腔的热情与信心去挑战第一份工作。我相信自己饱满的工作热情以及认真好学的态度完全能够使我更快的适应这份新工作。

期望通过我的这封自荐信，能使您对我有一个更全面深入的了解，我愿意以极大的热情与职责心投入到贵公司的发展建设中去。您的选取是我的期望。给我一次机会还您一份惊喜。期盼您的回复!

最后衷心的期望能得到您的赏识与任用!谢谢!

此致

敬礼

自荐人：刘洋

2018-7-2

图 2-5 自荐信

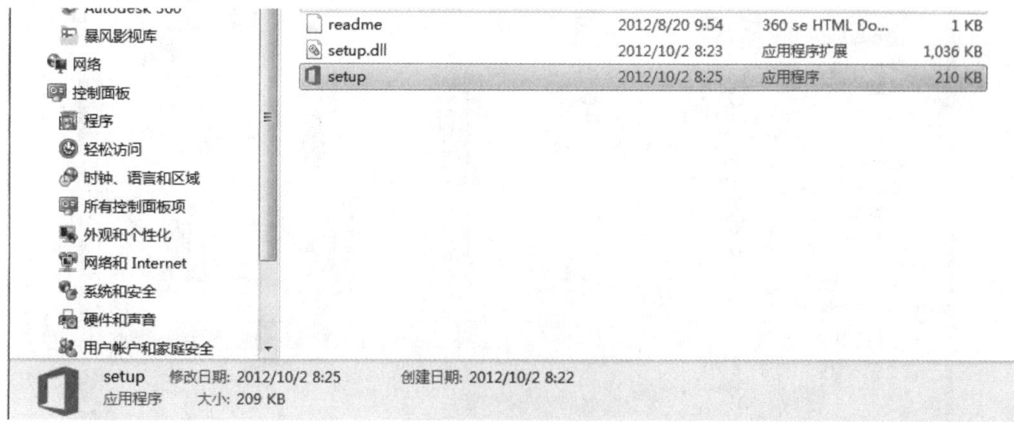

图 2-6 安装过程

2. 启动 Word 2013。选择“开始”→“所有应用”→“Microsoft Office 2013”→“Word 2013”命令。

3. 保存文件。选择“文件”功能区中的“另存为”命令，如图 2-7 所示，在右侧选择“浏览”命令，弹出对话框；在左侧选择“此电脑”，然后在右侧双击“本地磁盘

(D:)”，在文件名栏中输入“个人简历”，然后单击“保存”按钮。

图 2–7 “另存为”命令

4. 输入文件。单击文档编辑窗口，切换到适合的中文输入法，输入文字。

5. 切换视图显示方式。在“视图”选项卡下“文档视图”组中自由切换文档视图，或在 Word 2013 编辑窗口的右下方单击“视图”按钮切换视图。

6. 文档加密。选择“文件”功能区中的“另存为”命令，在右侧选择“浏览”命令，弹出对话框，选择“工具”→“常规选项”命令，如图 2–8 所示，弹出对话框，在文本框中输入自己设定的密码。

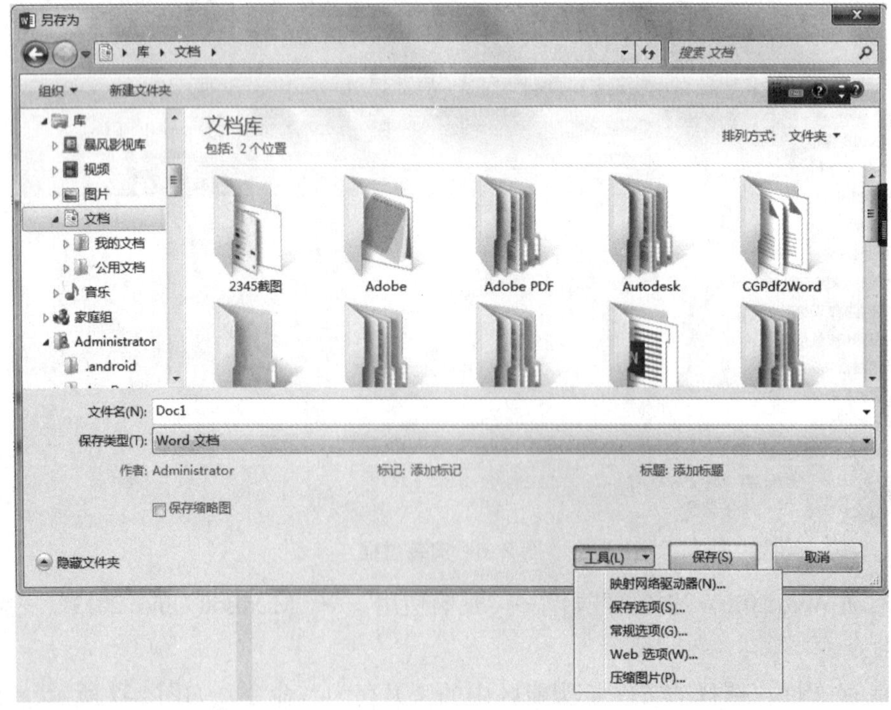

图 2–8 “常规选项”位置

7. 退出 Word 2013 文档。单击“文件”选项卡，在打开的菜单中单击“关闭”按钮，即可退出 Word 2013 文档。

知识拓展

1. Office 2013 简介

Microsoft Office 2013 又称为 Office 2013 或 Office 15，是应用于 Microsoft Windows 视窗系统的一套办公室套装软件，是继 Microsoft Office 2010 后的新一代套装软件。2012 年 7 月，微软发布了免费的 Office 2013 预览版版本。

在 Office 2013 的开发进程中，Outlook 2013、Access 2013、SharePoint 2013 和 Excel 2013 处在同步进行中。其中，Excel 2013 包括一个“重大的新功能”——PowerPoint，而 Word 2013 也在协作和通信方面上升一个层次，为用户提供更强大的共同编辑服务。值得一提的是，Office 2013 的自动化架构也得到了进一步完善。

2. Word 2013 界面、创建文档

启动 Word 2013 程序后，程序会出现一个非常人性化的界面，用户单击“空白文档”，该文档具有通用性设置（注：该版本程序首次使用这个人性化的界面，本界面可以直接选择 Office 提供的内置模板，通常情况下一般用户选择“空白文档”），如图 2–9 所示。

图 2–9　空白文档界面

Word 窗口由标题栏、快速访问工具栏、窗口控制按钮、功能区、文本编辑区、状态

栏、标尺显示或隐藏按钮、滚动条、浏览对象等部分组成。

（1）标题栏：主要显示当前编辑文档名和窗口标题。

（2）快速访问工具栏：是功能区顶部（默认位置）显示的工具集合，默认工具包括“保存”“撤销”和“恢复”，如图 2–10 所示。

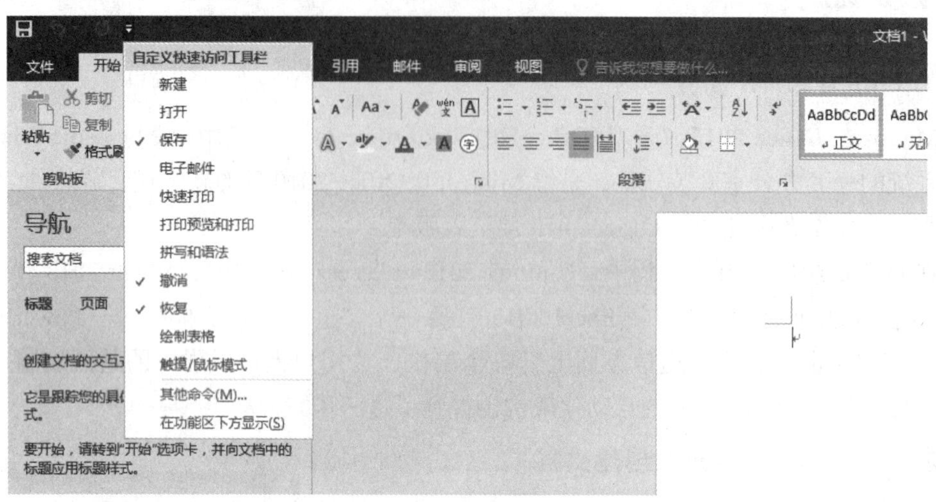

图 2–10　快速访问工具栏

（3）窗口控制按钮：可以使 Word 窗口最大化、最小化、还原和关闭。

（4）功能区：Word 2013 中，功能区由多个选项卡组成。单击每个“选项卡”会打开相对应的面板。每个选项卡根据功能的不同又分为若干个组，每个选项卡所拥有的功能如下所述。

1）“文件”选项卡：包括新建、打开、保存、另存为、打印、选项等命令，主要用于帮助用户对 Word 2013 文档进行各种基本操作，如图 2–11 所示。

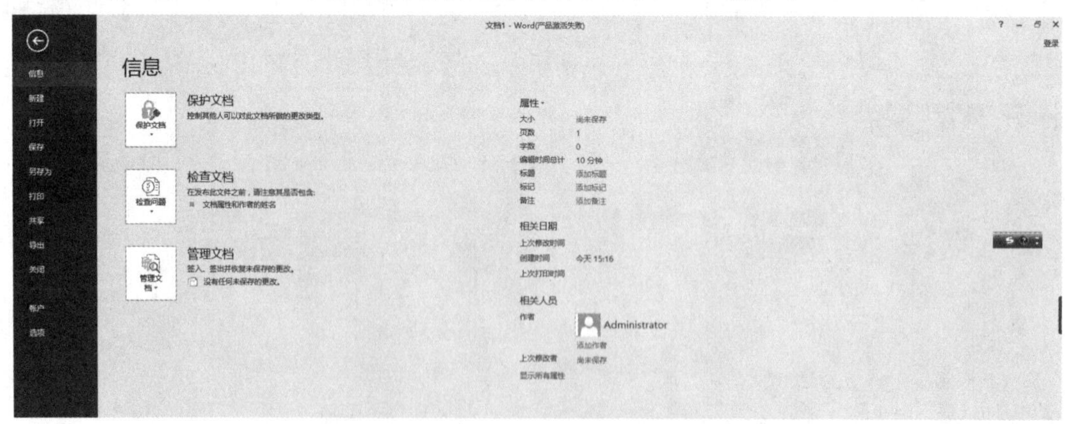

图 2–11　“文件”选项卡

2）“开始”选项卡：包括剪贴板、字体、段落、样式和编辑 5 个组，主要用于帮助用户对 Word 2013 文档进行文字编辑和格式设置，是用户最常用的选项卡，如图 2–12 所示。

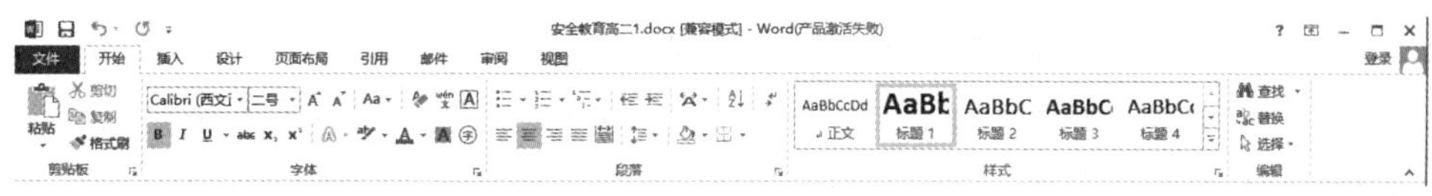

图 2-12　“开始”选项卡

3）“插入”选项卡：包括表格、插图、链接、页眉和页脚、文本、符号等 10 个组，主要用于帮助用户在 Word 2013 文档中插入各种元素，如图 2-13 所示。

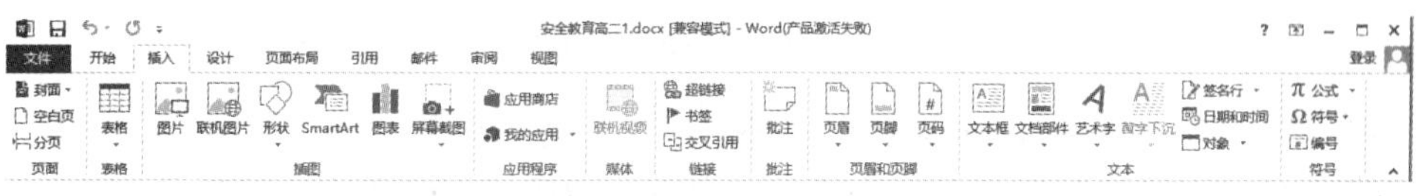

图 2-13　“插入”选项卡

4）“设计”选项卡：包括主题、文档格式、页面背景 3 个组，主要用于帮助用户设置 Word 2013 文档样式，如图 2-14 所示。

图 2-14　“设计”选项卡

5）“页面布局”选项卡：包括页面设置、稿纸、段落、排列 4 个组，主要用于帮助用户设置 Word 2013 文档页面样式，如图 2-15 所示。

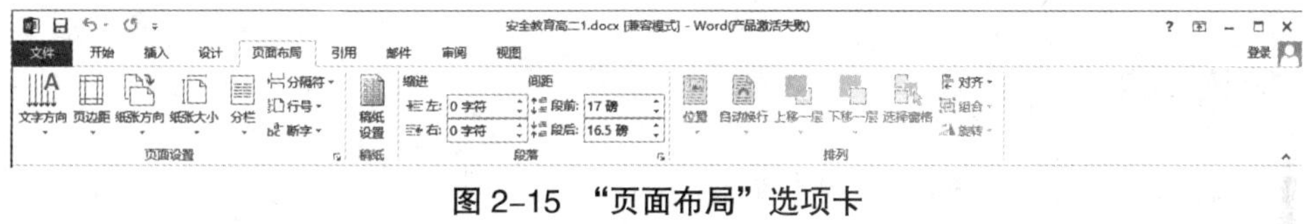

图 2-15　“页面布局”选项卡

6）“引用”选项卡：包括目录、脚注、引文与书目、题注、索引、引文目录 6 个组，主要用于帮助用户实现在 Word 2013 文档中插入目录等比较高级的功能，如图 2-16 所示。

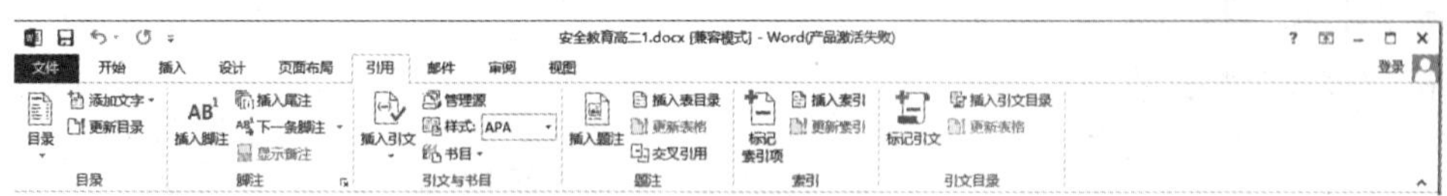

图 2-16　“引用”选项卡

7）“邮件”选项卡：包括创建、开始邮件合并、编写和插入域、预览结果和完成 5 个组。该功能区的作用比较专一，专门用于帮助用户在 Word 2013 文档中进行邮件合并方面的操作，如图 2-17 所示。

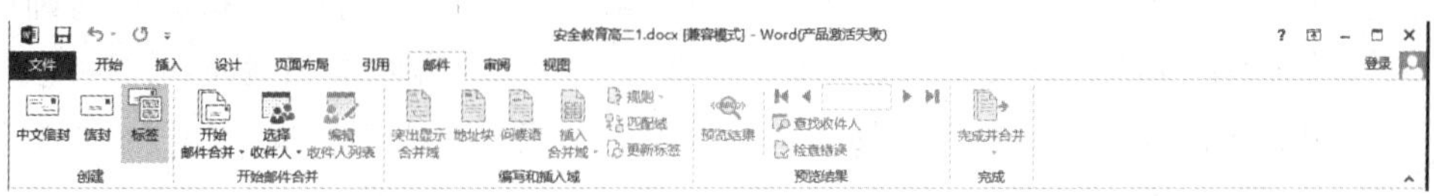

图 2-17　“邮件”选项卡

8）“审阅”选项卡：包括校对、语言、中文简繁转换、批注、修订、更改、比较、保护 8 个组，主要用于帮助用户对 Word 2013 文档进行校对和修订等操作，适用于多人协作处理 Word 2013 长文档，如图 2–18 所示。

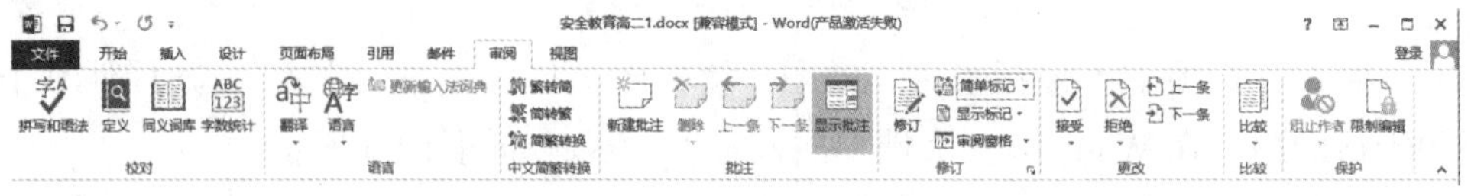

图 2–18 “审阅”选项卡

9）“视图”选项卡：包括视图、显示、显示比例、窗口、宏 5 个组，主要用于帮助用户设置 Word 2013 操作窗口的视图类型，以方便操作，如图 2–19 所示。

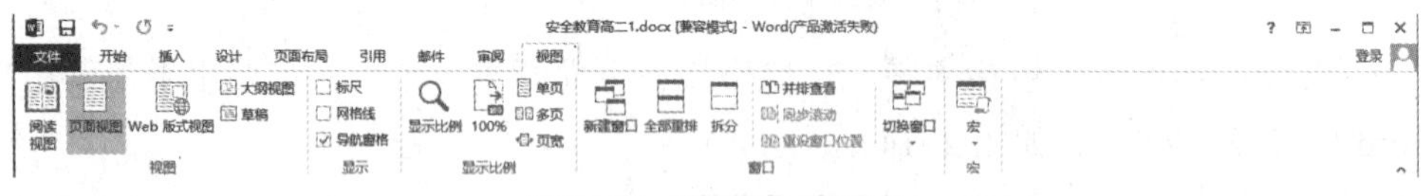

图 2–19 “视图”选项卡

10）启动 Word 2013 程序后，程序会自动出现上次用户编辑的文档。

任务 3　编写个人简历（文字排版部分）

任务目的

1. 熟悉选择、复制、移动、删除文本。
2. 掌握查找与替换文本的方法。
3. 熟悉撤销与恢复操作。
4. 掌握字符格式设置。
5. 熟悉项目符号和编号。
6. 掌握段落格式设置。
7. 掌握格式刷的使用。

任务内容

1. 打开文档，打开上节编辑的“个人简历（自荐信）”。

2. 复制文本，将正文第四段“我是一个性格开朗、极富耐心和职责心的师范学生……”复制到正文的第五段“天生我材必有用，付出总会有回报。”后面另起一段。

3. 移动文本，将复制的内容再移动到第五段“给我一次机会，我会尽我最大的努力让您满意。”后面，另起一段。

4. 删除文本，将上面移动的内容“我是一个性格开朗、极富耐心和职责心的师范学生……”这一段删除。

5. 查找与替换文本，查找文档中的“老师”文本，替换成“教师”。

6. 字符格式设置。

（1）将标题“自荐信”设置为华文行楷、二号、加粗。

（2）将正文文本设置为宋体、五号。

（3）给正文第六段中“从小我就有当一名老师的愿望，如今愿望即将实现了，十分的开心，我怀着满腔的热情与信心去挑战第一份工作。”文本加着重号，给正文第三段中的“我具有爱心和强烈的职业道德感，勇于超越自我是我的人生信条，具有远大的目标是我不断前进的动力，能在平凡的教育岗位上做出不平凡的业绩是我的人生追求。”文本加双下划线。

7. 段落格式设置，设置标题居中对齐；将正文设置为首行缩进 2 字符，行间距为“单倍行距”，段前、段后间距各 0.5 行；将“自荐人：刘洋”和“2018-7-2”右对齐。

8. 另存文档，将文档另存为“D:\ 练习 \ 自己的姓名 .docx”，完成后的效果如图 2-20 所示。在操作中遇到误操作时，利用撤销与恢复操作进行修改。

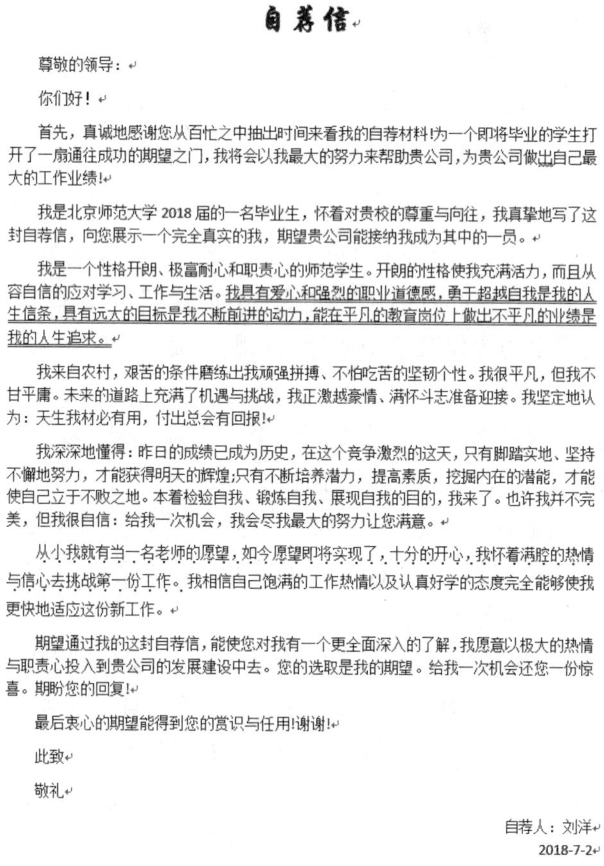

自荐信

尊敬的领导：

你们好！

首先，真诚地感谢您从百忙之中抽出时间来看我的自荐材料!为一个即将毕业的学生打开了一扇通往成功的期望之门，我将会以我最大的努力来帮助贵公司，为贵公司做出自己最大的工作业绩!

我是北京师范大学 2018 届的一名毕业生，怀着对贵校的尊重与向往，我真挚地写了这封自荐信，向您展示一个完全真实的我，期望贵公司能接纳我成为其中的一员。

我是一个性格开朗、极富耐心和职责心的师范学生。开朗的性格使我充满活力，而且从容自信的应对学习、工作与生活。我具有爱心和强烈的职业道德感，勇于超越自我是我的人生信条，具有远大的目标是我不断前进的动力，能在平凡的教育岗位上做出不平凡的业绩是我的人生追求。

我来自农村，艰苦的条件磨练出我顽强拼搏、不怕吃苦的坚韧个性。我很平凡，但我不甘平庸。未来的道路上充满了机遇与挑战，我正激越豪情、满怀斗志准备迎接。我坚定地认为：天生我材必有用，付出总会有回报!

我深深地懂得：昨日的成绩已成为历史，在这个竞争激烈的这天，只有脚踏实地、坚持不懈地努力，才能获得明天的辉煌;只有不断培养潜力，提高素质，挖掘内在的潜能，才能使自己立于不败之地。本着检验自我、锻炼自我、展现自我的目的，我来了。也许我并不完美，但我很自信：给我一次机会，我会尽我最大的努力让您满意。

从小我就有当一名老师的愿望，如今愿望即将实现了，十分的开心，我怀着满腔的热情与信心去挑战第一份工作。我相信自己饱满的工作热情以及认真好学的态度完全能够使我更快地适应这份新工作。

期望通过我的这封自荐信，能使您对我有一个更全面深入的了解，我愿意以极大的热情与职责心投入到贵公司的发展建设中去。您的选取是我的期望。给我一次机会还您一份惊喜。期盼您的回复!

最后衷心的期望能得到您的赏识与任用!谢谢!

此致

敬礼

自荐人：刘洋

2018-7-2

图 2-20　个人简历（自荐信）完成效果

任务步骤

1. 启动 Word 2013，打开文档。选择“开始”→“所有应用”→“Microsoft Office 2013”→“Word 2013”命令，启动 Word 2013。在左侧的“最近使用的文档”里面，单击“个人简历”文件名，如图 2-21 所示。

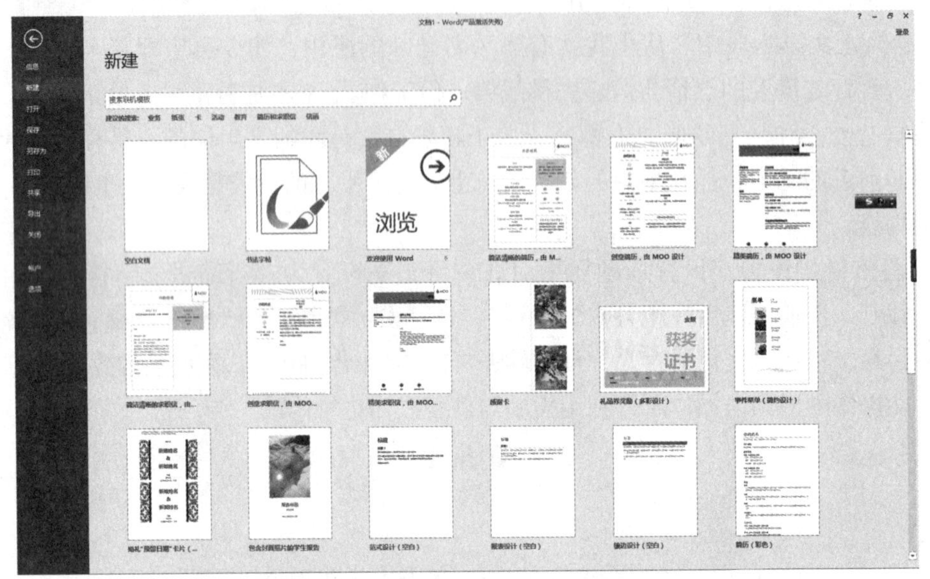

图 2-21 “最近使用的文档”窗口

2. 复制文本。拖动鼠标选择正文第三段“我是一个性格开朗、极富耐心和职责心的师范学生……”的全部文本，在所选择的文本上右击弹出快捷菜单，选择“复制”命令。移动光标到第四段“天生我材必有用，付出总会有回报。”后，按 Enter 键另起一段，单击空白行，右击，在弹出的快捷菜单中选择“粘贴”命令，则将选定的文本复制到了光标所在的位置。

3. 移动文本。拖动鼠标选择上一步复制的全部内容，即“我是一个性格开朗、极富耐心和职责心的师范学生……”段，在所选择的内容上右击，在弹出的快捷菜单中选择“剪切”命令，移动光标到正文第五段“给我一次机会，我会尽我最大的努力让您满意。”后的段尾处，按 Enter 键另起一段。右击，在弹出的快捷菜单中选择“粘贴”命令，则将选定的文本移动到了光标所在的位置。

4. 删除文本。拖动鼠标选择刚才移动的内容，即“我是一个性格开朗、极富耐心和职责心的师范学生……”段，按键盘上 Delete 键后删除所选择的内容。

5. 查找与替换文本，在“开始”选项卡中单击“编辑”组中“替换”按钮，弹出“查找和替换”对话框。在“查找内容”文本框中输入“保护”，在“替换为”文本框中输入“呵护”，单击“查找下一处”按钮，可进行查找直至完成；单击“全部替换”按钮，可进行文本替换。

6. 字符格式设置。选取标题行文字“自荐信”，切换到“开始”功能区，在“字体”组中单击“字体”下拉列表框 宋体 (中文正文) 中选择“华文行楷”，在“字号”下拉列表框 五号 中选择“二号”，再单击加粗按钮 B 完成标题格式设置。

选取正文全文，在“字体”组中单击“字体”下拉列表框，选择“宋体”，在“字号”下拉列表框中选择“五号”。

选择正文第六段中文字“从小我就有当一名老师的愿望，如今愿望即将实现了，十分的开心，我怀着满腔的热情与信心去挑战第一份工作。我相信自己饱满的工作热情以及认真好学的态度完全能够使我更快地适应这份新工作。”，然后在“开始”选项卡下“字体”组右下角单击对话框启动按钮，弹出“字体”对话框，如图 2–22 所示。在“着重号”下拉列表框中，选择“.”，单击“确定”按钮。

选择正文第三段中的“我是一个性格开朗、极富耐心和职责心的师范学生。”，在“字体”组中单击下划线按钮 U 后面的下三角按钮，在展开的下拉列表框中选择“双下划线”选项。

7. 段落格式设置。选取标题行文字“自荐信”，切换到“开始”选项卡，在“段落”组中单击 ≡ 按钮，使标题行文字居中对齐。

选择正文全文，在“开始”选项卡下单击“段落”组右下角的对话框启动按钮，弹出“段落”对话框，如图 2–23 所示。在“特殊格式”下拉列表框中选择“首行缩进”并在旁边的“缩进值”中输入“2 字符”，在“行距”下拉列表框中选择“单倍行距”，在“间距”下的“段前”和“段后”中输入“0.5 行”，单击“确定”按钮。

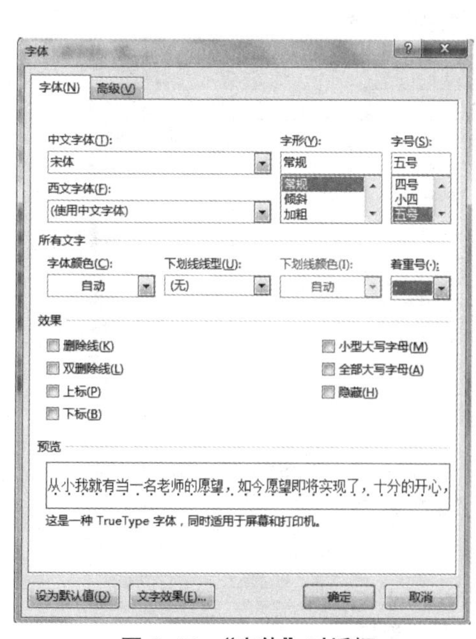

图 2–22 “字体”对话框

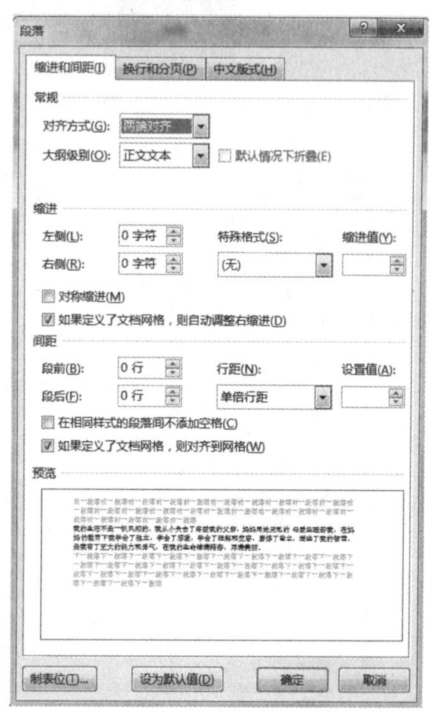

图 2–23 “段落”对话框

将光标移动到“你们好!”前，按 Backspace 键。

将光标移动到“此致”前，按 Backspace 键。

将光标移动到“自荐人：刘洋”前，在“段落”组中单击 ≡ 按钮。

将光标移动到“2018–7–2”前，在“段落”组中单击 ≡ 按钮。

8. 文档的另存。单击“文件”→“另存为”命令，在“另存为”下面选择“计算机”，在右侧“计算机”下面单击“浏览”按钮，如图 2–24 所示，弹出“另存为”对话框，如图 2–25 所示。在左侧选择“此电脑”，然后在右侧单击“本地磁盘(D:)”，在“文件名”文本框中输入“自己的姓名自荐信 .docx”(如“刘洋自荐信 .docx”)，然后单击“保存”按钮。

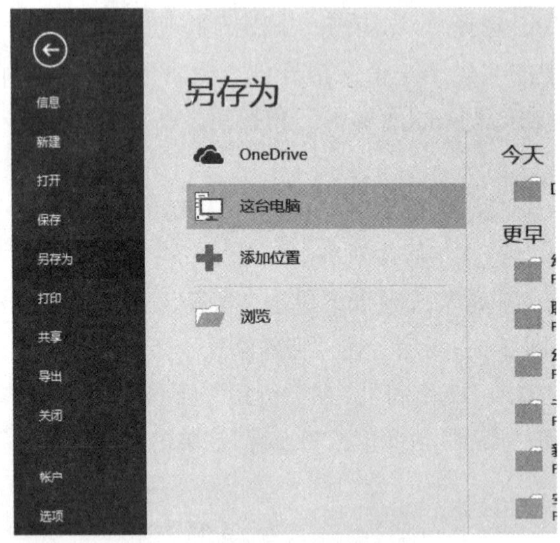

图 2–24　选择“另存为”命令

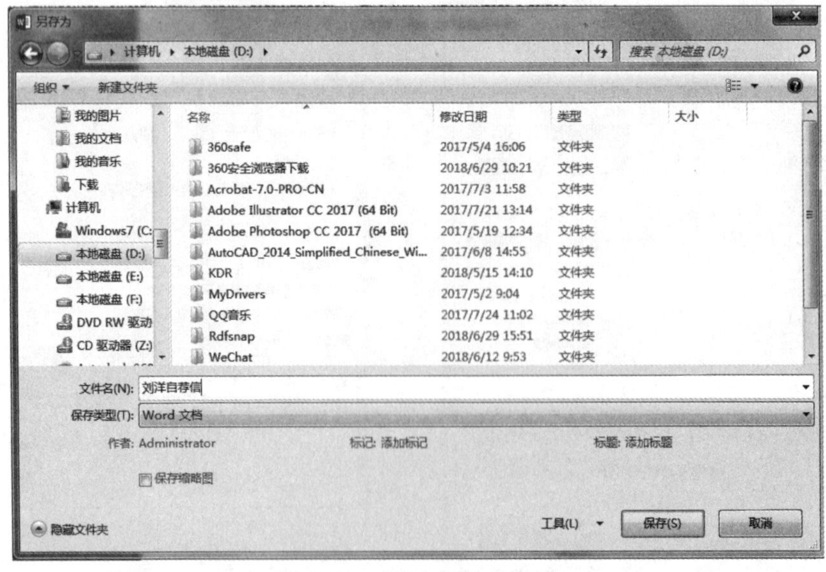

图 2–25　“另存为”对话框

知识拓展

1. 撤销与恢复操作

如果不小心删除了不该删除的内容，可直接单击快速访问工具栏中的“撤销”按钮来撤销操作。如果要撤销刚进行的多次操作，可单击快速访问工具栏中的“撤销”按钮右侧的下三角按钮，从下拉列表中选择要撤销的操作。

恢复操作是撤销操作的逆操作，可直接单击快速访问工具栏中的“恢复”按钮，执行恢复操作。

注意：按 Ctrl+Z 组合键可执行撤销操作；按 Ctrl+Y 组合键可执行恢复操作。如果对文档没有进行过修改，那么就不能执行撤销操作。同样，如果没有执行过撤销操作，将不能执行恢复操作。此时的“撤销”和“恢复”按钮均显示为不可用状态。

2. 插入符号

Word 2013 是一个强大的文字处理软件，通过它不仅可以输入汉字，还可以输入特殊符号，从而使制作的文档更加丰富、活泼。

把插入点置于文档中要插入特殊符号的位置。在“插入”选项卡中，单击“符号”按钮，在下拉列表中选择“其他符号”选项，弹出“符号”对话框，如图 2-26 所示。在该对话框中的“字体”下拉列表中选择所需要的字体，在“子集”下拉列表中选择所需要的选项。在列表框中选择所需要的符号，单击“插入”按钮，即可在插入点处插入该符号。

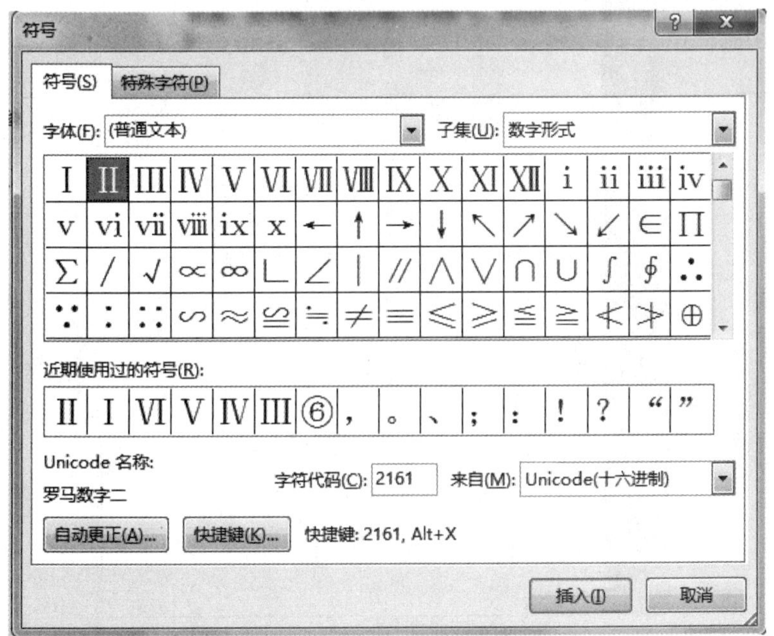

图 2-26　“符号”对话框

任务 4　编写个人简历（表格部分）

任务目的

1. 掌握插入空白页方式。
2. 掌握表格的建立。
3. 熟悉表格的编辑与修改。
4. 熟悉设置表格格式。
5. 了解表格中数据的计算、排序。

任务内容

用 Word 2013 制作如图 2–27 所示的“个人简历（表格部分）”，要求如下。

个人简历

个人概况	姓名：刘洋	性别：女	民族：汉族	照片
	出生年月:1987 年 9 月	籍贯：北京	身高：160cm	
	政治面貌：党员	学历：大专		
	毕业学校：北京师范大学		专业：汉语国际教育	
	邮箱：XXXXXXXXXqq. com		联系电话：150XXXXXXXX	
在校经历	毕业院校：北京师范大学 所学专业：汉语国际教育			
社会经历	2016 年 9-2017 年 6 月　　北京外国语大学　　汉语志愿者			
获得奖励	多项奖学金荣誉证书			
自我评价	本人乐观开朗，积极向上，能独立完成任务，了解学生心理，教学能力较强。			

图 2–27　“个人信息”效果图

1. 打开文档，打开上节课编辑的“个人简历(自荐信)”。

2. 插入空白页，在“个人简历(自荐信)”首页插入空白页。

3. 输入表格标题和“个人信息”文字，并设置为华文行楷、二号字、居中对齐。

4. 插入表格。

5. 行高 / 列宽设置，第 1 列设置为“1 厘米”，第 1 行设置为“3 厘米”，第 2 行设置为“2 厘米”，第 3 ～ 7 行设置为“3. 6 厘米”。

6. 输入文字。

7. 表格字体设置，表格中的行标题设置为宋体、小四、加粗，文字方向为竖排，文字对齐方式为水平居中；其余文字设置为宋体、五号，文字对齐方式为中部两段对齐。

8. 表格框线设置，表格内外框线均为 0. 5 磅、单实线；其中列标题下边线和右边线为 0. 5 磅、双实线。

9. 表格底纹设置，表格第一列加蓝色底纹。

任务步骤

1. 启动 Word 2013，打开文档。选择“开始”→“所有应用”→“Microsoft Office 2013”→“Word 2013”命令，启动 Word 2013。在左侧的“最近使用的文档”里面，找到“个人简历”，然后单击。

2. 将光标移动到文档首部，选择“插入”选项卡，单击“页面”组中的“空白页”按钮。

3. 在空白页首部输入文字“个人信息”，选中“个人信息”，在“开始”选项卡“字体”组中分别设置字体为“华文行楷”，字号为“二号”；在“段落”组中单击“居中”对齐按钮。

4. 插入表格，在标题“个人信息”后按 Enter 键换行，在“插入”选项卡“表格”组中，单击“表格”按钮，在展开的列表中选择“插入表格”选项，弹出“插入表格”对话框，在“列数”文本框中输入 2，“行数”文本框输入 7，如图 2–28 所示。

5. 行高 / 列宽设置。

(1) 选中整个表格，在选中的表格区域任意位置右击，在弹出的快捷菜单中选择“表格属性”命令，弹出“表格属性”对话框，在“表格”选项卡下选中“指定宽度”复选框，在“度量单位”下拉列表中选择“百分比”选项，然后更改 0% 为 100%，如图 2–29 所示，单击“确定”按钮。

(2) 选中第 1 列，在选中的表格区域任意位置右击，在弹出的快捷菜单中选择“表格属性”命令，弹出“表格属性”对话框，在“列”选项卡下将“7.32 厘米”改成“1 厘米”，单击“确定”按钮。

(3) 选中第 1 行，在选中的表格区域任意位置右击，在弹出的快捷菜单中选择“表格属性”命令，弹出“表格属性”对话框，在“行”选项卡下选中“指定高度”复选框，在文本框中输入“3 厘米”，单击“确定”按钮。

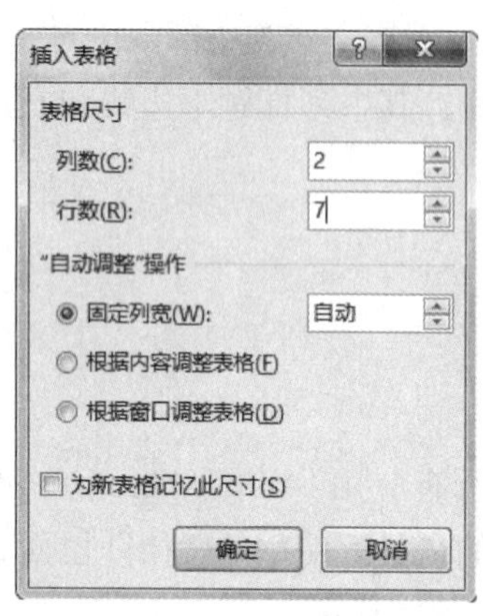

图 2-28 “插入表格”对话框

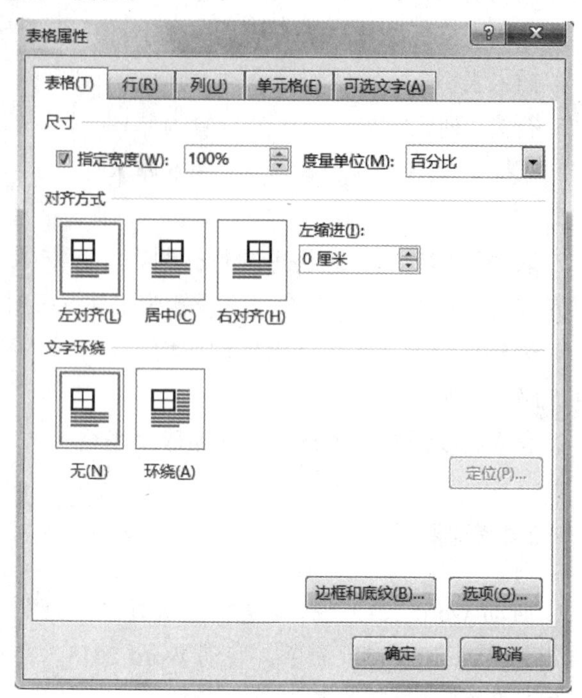

图 2-29 “表格属性”对话框

(4) 选中第 2 行，在选中的表格区域任意位置右击，在弹出的快捷菜单中选择“表格属性”命令，弹出“表格属性”对话框，在“行”选项卡下选中“指定高度”复选框，在文本框中输入“2 厘米”，单击“确定”按钮。

(5) 选中第 3 ～ 7 行，在选中的表格区域任意位置右击，在弹出的快捷菜单中选择“表格属性”命令，弹出“表格属性”对话框，在“行”选项卡下选中“指定高度”复选框，在文本框中输入“3.6 厘米”，单击“确定”按钮。

6. 合并 / 拆分单元格。

(1) 将光标移动到第 1 行第 2 列处，然后选择“表格工具”下的“布局”选项卡，选择“合并”下拉列表的“拆分单元格”选项 拆分单元格，弹出“拆分单元格”对话框，在“列数”文本框中输入 4，在“行数”文本框中输入 3，并将刚刚拆分的单元格的第 1 列设置为“4 厘米”，第 2 列设置为“2.75 厘米”，第 3 列设置为“3 厘米”，选中刚刚拆分的单元格的第 4 列全部单元格，然后选择“合并”下拉列表的“合并单元格”选项 合并单元格，将选中的单元格合并。

(2) 将光标移动到第 2 行第 2 列处，然后选择“表格工具”下的“布局”选项卡，选择“合并”下拉列表的“拆分单元格”选项 拆分单元格，弹出“拆分单元格”对话框，在“列数”文本框中输入 2，在“行数”文本框中输入 2。

(3) 选中第 1 行第 1 列和第 1 行第 2 列单元格，然后选择“表格工具”下的“布局”

选项卡，选择“合并”下拉列表的“合并单元格”选项，将选中的单元格合并。

7. 输入表格文字和设置表格文字。

（1）选中整个表格，在“开始”选项卡的“字体”组中，将字体设置为“宋体”，字号设置为“五号”，并把“加粗”按钮设置为不选中状态。

（2）输入里面的文字，如图 2–27 所示。

（3）选中第 1 列，在“开始”选项卡的“字体”组中，将字体设置为“宋体”，字号设置为“小四”，并把“加粗”按钮设置为选中状态。

（4）在“表格工具”下的“布局”选项卡中，单击“文字方向”按钮，然后再单击“中部居中”按钮。

（5）选中其他单元格，在“开始”选项卡的“字体”组中，将字体设置为“宋体”，字号设置为“五号”，并把“加粗”按钮设置为不选中状态。

（6）在“表格工具”下的“布局”选项卡中，单击“中部两端对齐”按钮。

8. 表格框线绘制。

（1）选中整个表格，在“布局”选项卡下“表”组中单击“属性”按钮，弹出“表格属性”对话框。

（2）切换到“表格”选项卡，单击下部的“底纹和边框”按钮，弹出“底纹和边框”对话框。

（3）切换到“边框”选项卡，在线条“样式”下拉列表中选择单实线“——”选项，在“宽度”下拉列表中选择“0.5 磅”选项，单击“设置”组中“全部”按钮，在“预览”窗口中可见表格预览效果，单击“确定”按钮完成表格表框设置。

（4）选中表格第 1 行，重复上述（1）和（2）两步，切换到“边框”选项卡，选择线条“样式”下拉列表中的双实线“══”选项，在“宽度”下拉列表中选择“0.5 磅”选项，再单击“预览”按钮，可见预览中为第 1 行添加了双实线的下边线，单击“确定”按钮完成。

（5）选中表格第 1 列，重复上述（1）和（2）两步，切换到“边框”选项卡，选择线条“样式”下拉列表中的双实线“══”选项，在“宽度”下拉列表中选择“0.5 磅”选项，再单击“预览”按钮，可见预览中为第 1 列添加了双实线的右边线，单击“确定”按钮完成。

9. 选中第 1 列，弹出“边框和底纹”对话框，切换到“底纹”选项卡，在“填充”下拉列表中选择蓝色，单击“确定”按钮，结果如图 2–30 所示。

10. 文档的另存。选择“文件”选项卡，选择“另存为”命令，在“另存为”下面选择“计算机”，在右侧“计算机”下面单击“浏览”按钮，弹出“另存为”对话框。在左侧单击“此电脑”，然后在右侧单击“本地磁盘（D:）”，在“文件名”文本框中输入“自己的姓名（表格和自荐信完成版）.docx”[如“张三（表格和自荐信完成版）.docx”]，然后单击“保存”按钮。

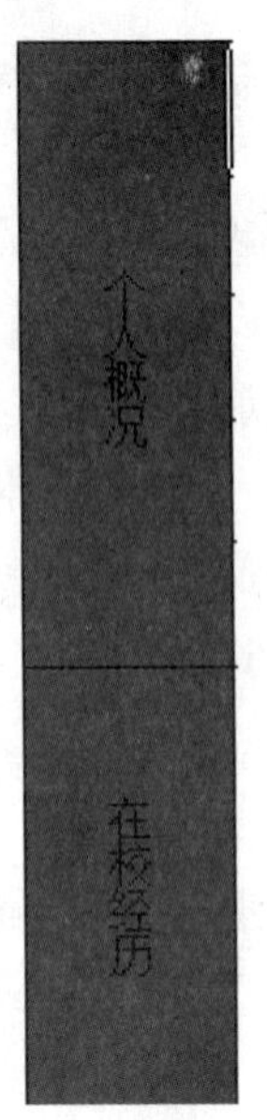

图 2-30　第 1 列“底纹”效果

知识拓展

手工绘制表格

注意：手工绘制表格不容易控制表格本身，请减少使用。

1. 将插入点移到要插入表格的位置，选择“插入”→“表格”→“绘制表格”命令，鼠标指针会变成铅笔状，如图 2-31 所示。

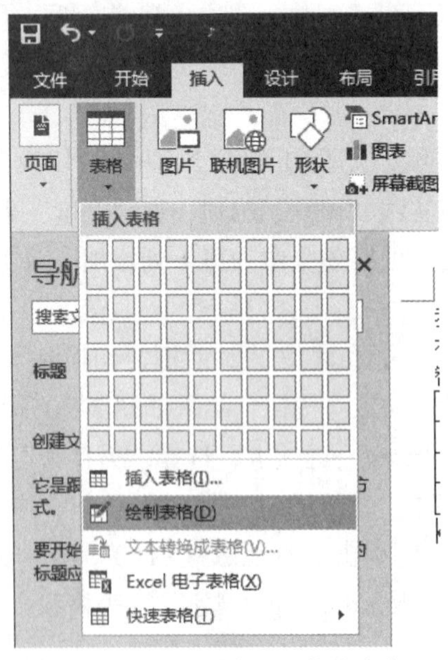

图 2-31　“绘制表格”菜单命令

2. 按住鼠标左键，从左上方向右下方拖动鼠标绘制表格外框线，松开鼠标，再绘制表格的列线和行线，也可以绘制对角线。

3. 利用“设计”选项卡“绘图”组中的“橡皮擦”工具可以擦除列线和行线，对表格进行编辑。

任务 5　编辑个人简历（图文排版部分）

任务目的

1. 掌握插入艺术字。
2. 熟悉插入图片和剪贴画。
3. 掌握插入文本框。
4. 了解绘制简单的图形。
5. 熟悉加入脚注和尾注。
6. 掌握插入页眉和页脚。

任务内容

用 Word 2013 制作“个人简历（图文排版）”的效果，要求如下。

1. 打开文档，打开上节课编辑的“个人简历（自荐信）”。

2. 插入空白页，在表格页首部插入一个空白页。

3. 页面设置，纸张设置为 A4 纸，上、下页边距为 2.5 厘米，左、右页边距为 2.5 厘米。

4. 插入艺术字，在空白页上插入艺术字“个人简历”；艺术字样式为第三行第二列；字体为“华文行楷”“65 磅”“加粗”；文字环绕设置为“浮于文字上方”；文本轮廓设置为紫色，文本填充设置为黄色；适当调整艺术字的位置。

5. 插入文本框，在空白页上插入一个文本框。字体设为“黑体”“三号”“加粗”。

6. 插入图片。

（1）在第二页“个人信息”表格中的“照片”位置，插入“寸照 . jpg”。调整图片缩放比例（宽度为 400%，高度为 300%）；设置环绕方式为“浮于文字上方”，适当调整图片的位置。

（2）在第三页“自荐信”，插入“活动 . jpg”。调整图片缩放比例（宽度、高度）；设置环绕方式为“紧密型”，适当调整图片的位置。

7. 插入页眉和页脚。

(1) 插入页眉文字“个人简历”；字体设置为“宋体”“五号”“居中对齐”。

(2) 插入页脚，显示为“页码 / 总页数”。

8. 保存文件，将文件保存为“个人简历(图片排版部分).docx”。

任务步骤

1. 启动 Word 2013，打开文档。选择“开始”→“所有应用”→“Microsoft Office 2013”→“Word 2013”命令，启动 Word 2013。在左侧的“最近使用的文档”里面，找到“个人简历”，然后单击。

2. 将光标移动到文档首部，选择“插入”选项卡，单击“页面”组中的“空白页”按钮。

3. 页面设置，在“页面布局”选项卡下“页面设置”组中单击“纸张大小”按钮，在展开的下拉列表中选择“A4”选项。单击“页边距”按钮，在打开的下拉列表中选择“自定义边距”选项，在弹出的“页面设置”对话框中，在“页边距”选项卡内分别把上、下页边距设置为 2.5 厘米，左、右页边距设置为 3.17 厘米，如图 2-32 所示，单击“确定”按钮。

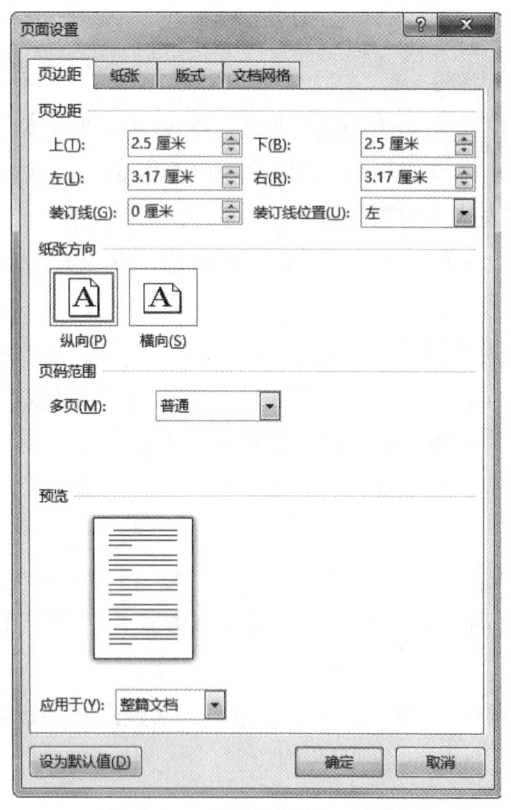

图 2-32 “页面设置”对话框

4. 插入艺术字，选择“插入”选项卡，在“文本”组中单击“艺术字”按钮，弹出如图 2–33 所示的下拉列表，移动鼠标至第 3 行第 2 列图标处单击，弹出如图 2–34 所示的艺术字编辑区，输入文字“个人简历”，选中艺术字“个人简历”，在“开始”功能区中设置字体为“华文行楷”“65 磅”“加粗”。

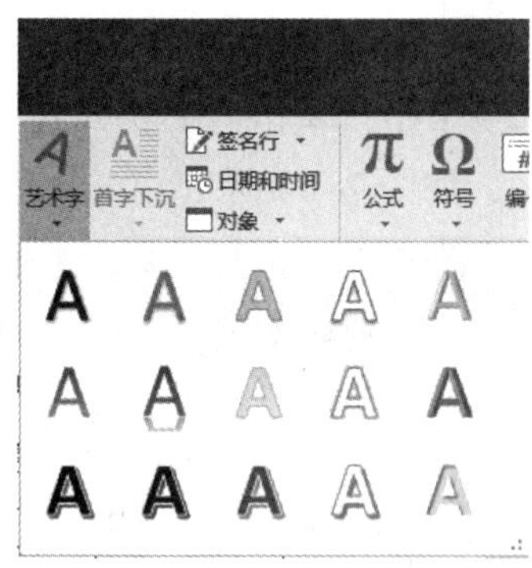

图 2–33　“艺术字”下拉菜单

图 2–34　艺术字编辑区

选中艺术字，在如图 2–35 所示“格式”选项卡中，单击“排列”组的“环绕文字”按钮，在弹出的下拉列表中选择“浮于文字上方”选项，如图 2–36 所示，然后单击“排列”组的“对齐”按钮，在展开的下拉列表中选择“水平居中”选项，如图 2–37 所示，适当地调整艺术字位置。在“格式”菜单中单击“艺术字样式”组中的“文本轮廓”按钮后的下三角按钮，在弹出的下拉列表中选择黄色。单击“文本填充”按钮后的下三角按钮，在弹出的下拉列表中选择蓝色。

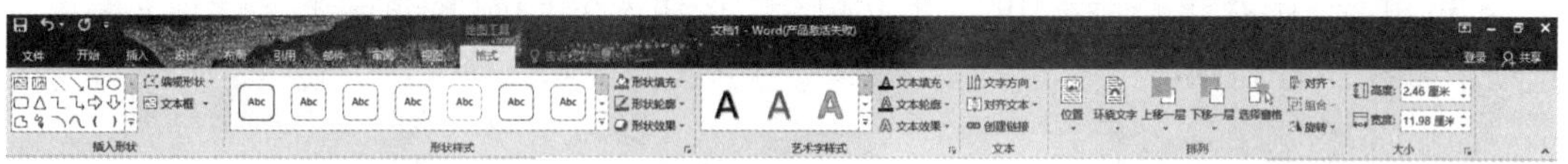

图 2–35　“自动换行”按钮

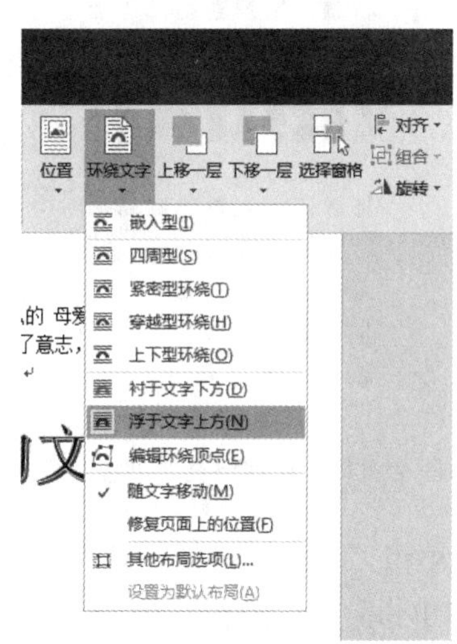

图 2–36　“环绕文字”下拉列表

图 2–37　“对齐”下拉列表

5. 插入文本框。

（1）单击“插入”选项卡“文本”组的“文本框”按钮，在展开的下拉列表中选择“绘制文本框”选项，如图 2–38 所示。鼠标光标变成黑色十字形，在适当的位子画出一个方框，在“开始”选项卡“字体”组中设置字体为“黑体”“三号”“加粗”，行距为固定值 20 磅。

（2）单击文本框，在如图 2–39 所示的“格式”选项卡中，单击“形状样式”组中的“形状轮廓”按钮，在下拉列表中选择“无轮廓”选项，如图 2–40 所示。

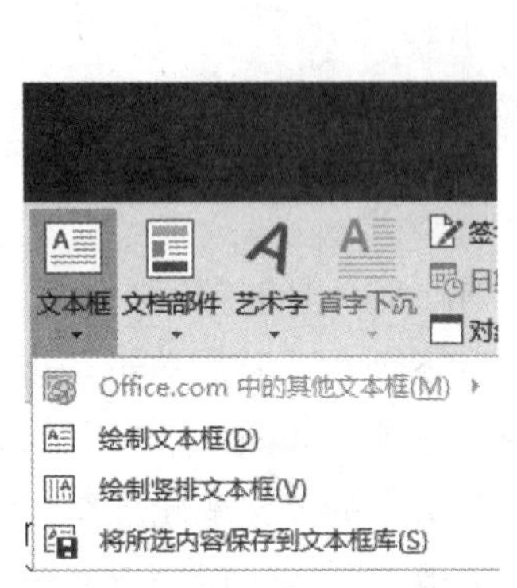

图 2–38 “文本框”下拉列表

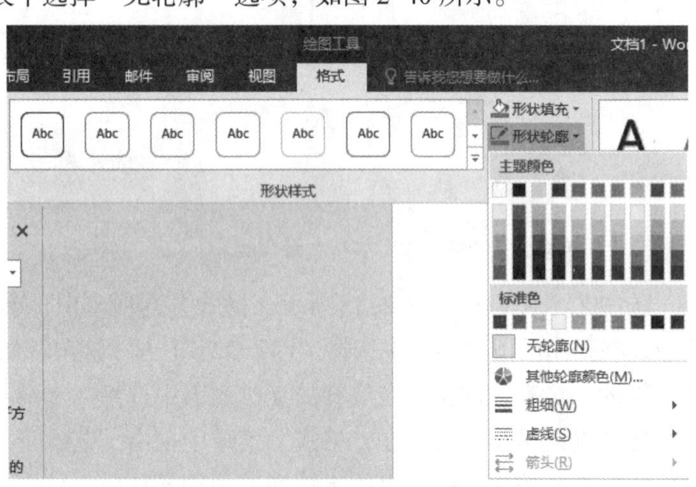

图 2–39 “形状轮廓”按钮

（3）单击“形状样式”组中的“形状填充”按钮，在下拉列表中选择“无填充颜色”选项，如图 2–41 所示。

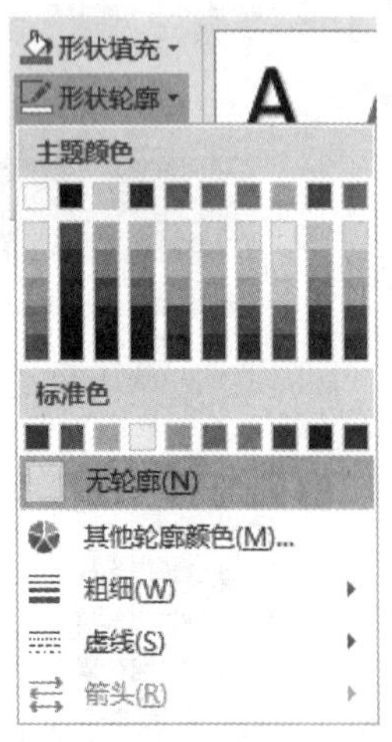

图 2–40 “形状轮廓”下拉列表

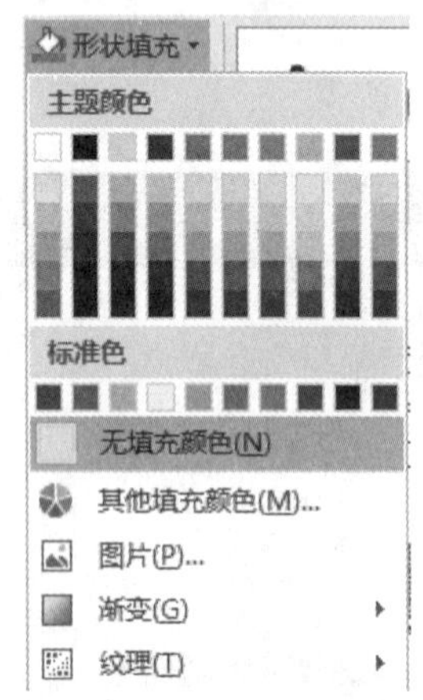

图 2–41 “形状填充”下拉列表

（4）单击“格式”选项卡，在“排列”组中单击“对齐”按钮，在展开的下拉列表中选择“左右居中”选项，然后在“排列”组中单击“自动换行”按钮，选择“浮于文字上方”选项。

6. 插入图片。

（1）第一张：将光标移动到第二页的表格中的照片的位置，单击要插入图片的位置，在“插入”选项卡的“插图”组中单击“图片”按钮，弹出“插入图片”对话框，在“查找范围”下拉列表中定位素材文件夹，单击名为“寸照 . jpg”的图片，如图 2–42 所示，然后单击“插入”按钮。

图 2–42　“插入图片”的素材文件夹

（2）单击该图片，在“格式”选项卡中的“大小”组中单击对话框启动器 ，弹出“布局”对话框，如图 2–43 所示。切换到“大小”选项卡，选中“锁定纵横比”复选框，在“高度”文本框中输入 300%，在“宽度”文本框中输入 400%，环绕方式设置为“浮于文字上方”。

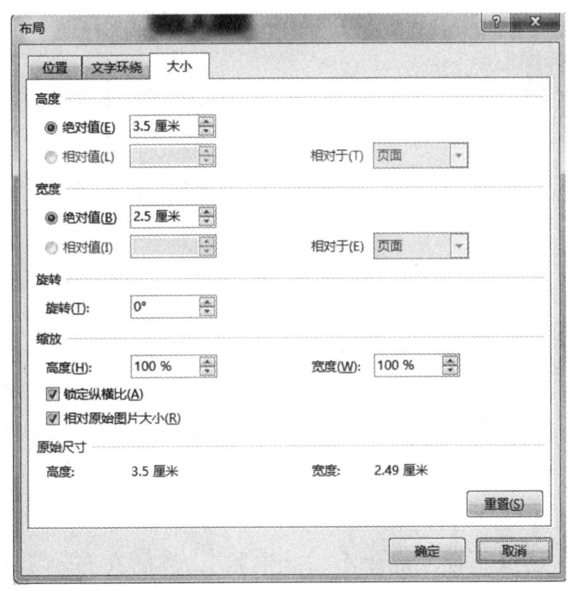

图 2–43　“布局”对话框

（3）同理，插入“活动 . jpg”图片，在“格式”选项卡中的“大小”组中单击对话框启动器，弹出“布局”对话框，在“高度”文本框中输入 20%，“宽度”文本框中输入 20%，环绕方式设置为“紧密型”。

7. 插入页眉和页脚。

（1）在任意页面的页眉处双击以编辑页眉。输入文字“个人简历”，在“开始”选项卡的“字体”组设置字体为“宋体”，字号为“五号”，“居中对齐”。

（2）在“页眉和页脚工具”的“设计”选项卡的“页面和页脚”组中单击“页码”，如图 2-44 所示，然后选择“页面底端”→ X/Y →“加粗显示数字 2”选项，如图 2-45 所示。

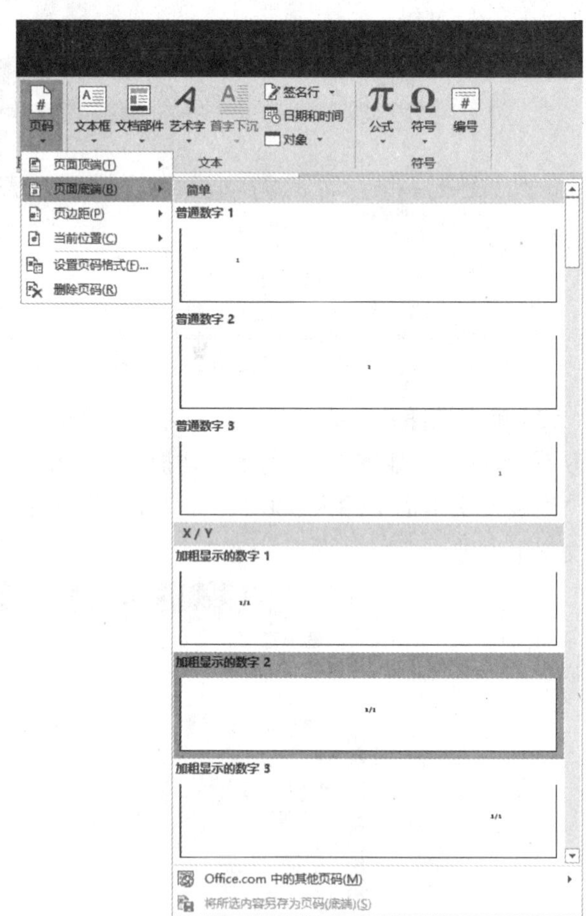

图 2-44 “页码”下拉列表

图 2-45 “页面底端”弹出列表框

（3）在“页眉和页脚工具”的“设计”选项卡的“关闭”组中单击“关闭页眉和页脚”按钮。

8. 文档的另存，选择“文件”选项卡，单击“另存为”→“计算机”→“浏览”按钮，弹出“另存为”对话框。在左侧单击“此电脑”，然后在右侧单击“本地磁盘（D:）”，在“文件名”文本框中输入“自己的姓名（图文排版部分）.docx”[如“张三（图文排版

部分）.docx”]，然后单击“保存”按钮。

知识拓展

插入脚注和尾注

脚注和尾注用于在打印文档时为文档中的文本提供解释、批注以及相关的参考资料。脚注是将注释文本放在文档的页面底端，尾注是将注释文本放在文档的结尾。脚注或尾注是由两个互相链接的部分组成：注释引用标记和与其对应的注释文本。在注释中可以使用任意长度的文本，并像处理任意其他文本一样设置注释文本格式。

单击“引用”选项卡“脚注”组中的“插入脚注”按钮，弹出“脚注和尾注”对话框，如图 2-46 所示，在该对话框中可进行脚注和尾注的插入，引用标记可以使用系统提供的“编号格式”，也可以使用“自定义标记”，用户可根据自己的需要选择。

1. 添加脚注

将光标定位在需要添加脚注的文字之后，“脚注和尾注”对话框的“位置”区域中选中“脚注”单选按钮。在“格式”区域中选择“编号格式”下拉列表中的一种标记。使用更多的标记则单击“自定义标记”文本框右侧的“符号”按钮，弹出如图 2-47 所示的“符号”对话框，从“字体”下拉列表中选择一种字体，再选择所需的符号后单击“插入”按钮返回“脚注和尾注”对话框。单击“插入”按钮后符号插入完毕，光标自动移位至页面底端，输入脚注内容并设置脚注内容的字体和字号，和 Word 中一般文本的设置方法相同。

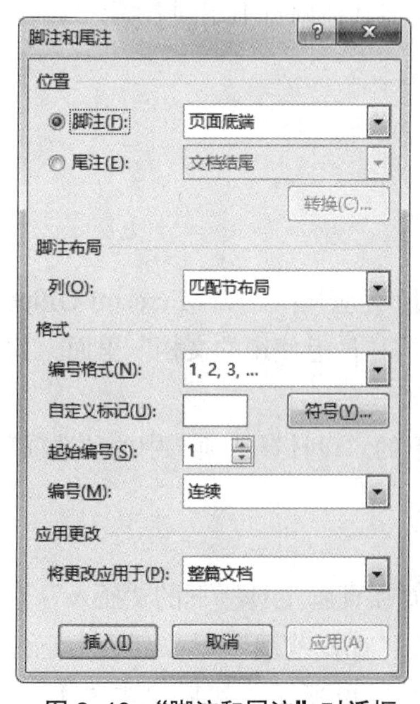

图 2-46 “脚注和尾注”对话框

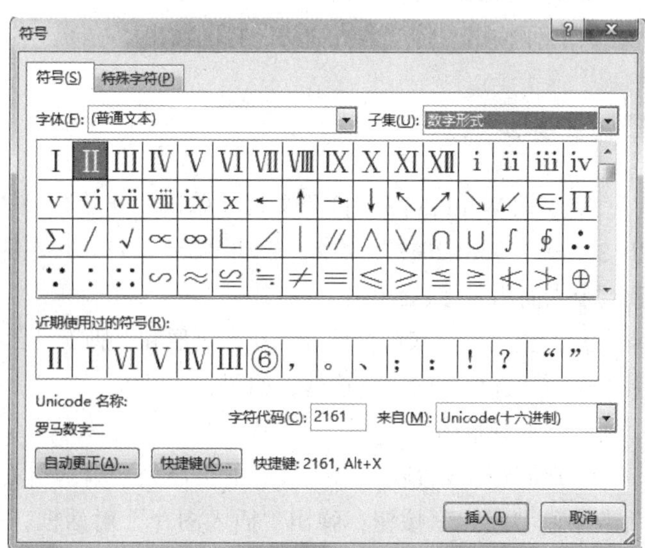

图 2-47 “符号”对话框

2. 添加尾注

将光标定位在需要添加尾注的文字之后，在“脚注和尾注”对话框的“位置”区域中选中“尾注”单选按钮，在“格式”区域中选择“编号格式”下拉列表中的格式或单击“自定义标记”文本框右侧的“符号”按钮。符号插入完毕，光标自动移位至文档结尾，输入尾注内容并设置尾注内容的字体和字号。

任务 6　个人简历（完整输入）

任务目的

1. 熟悉页面背景。
2. 掌握页眉和页脚设置。
3. 了解打印输出。

任务内容

用 Word 2013 制作“个人简历（最终版）”，要求如下。

1. 打开原始文件。打开上节课编辑的“个人简历（图文排版部分）”文档。
2. 设置页眉。设置页眉为首页不同。
3. 添加背景图。为所有页面添加背景图，其中第一页与其他两页不相同。
4. 整理页面。为所有页面做最后的整理。
5. 打印输出。将“个人简历”打印输出。

任务步骤

1. 启动 Word 2013。打开文档，单击“开始”→“所有应用”→“Microsoft Office 2013”→“Word 2013”命令，启动 Word 2013。在左侧的“最近使用的文档”里面，找到“个人简历”，然后单击。

2. 设置页眉。双击页眉处，在“页眉和页脚工具”下的“设计”选项卡中的“选项”组中选中“首页不同”复选框，如图 2–48 所示。

3. 添加背景图。

（1）将光标放置在“第一页”的页眉处，单击“页眉和页脚工具”下的“插入”选项卡中的“图片”按钮，弹出“插入图片”对话框，在“查找范围”下拉列表中定位素材文件夹，单击名为“封面背景 .jpg”的图片，如图 2–49 所示，然后单击“插入”

按钮。

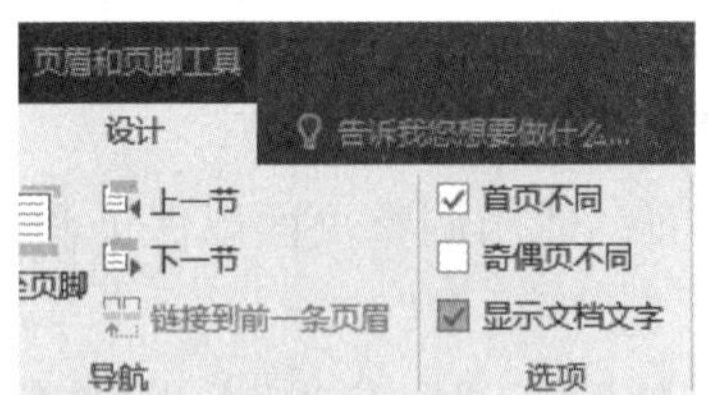

图 2-48　“首页不同”选项

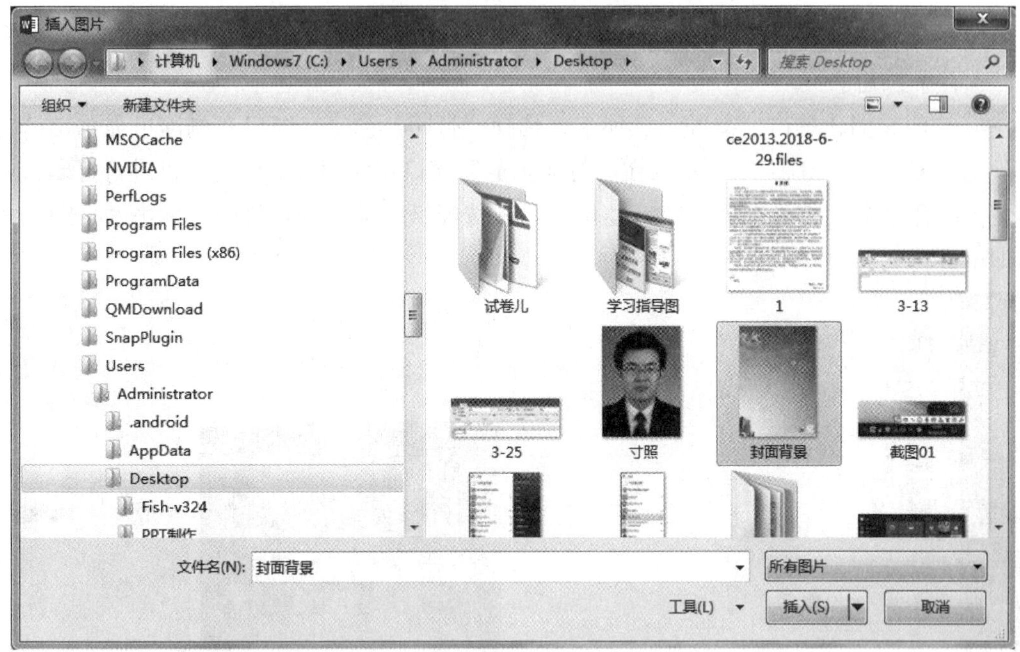

图 2-49　“插入图片”对话框

（2）选中刚刚插入的图片，在“图片工具”下的“格式”选项卡中单击“排列”组中的“自动换行”按钮，在弹出的下拉列表中选择“衬于文字下方”，并在“大小”组中的“高度”文本框内输入 29.7 厘米，“宽度”文本框内输入 21 厘米，如图 2-50 所示（本操作插入背景图用的是一个比较特殊的方式，将背景图插入页眉中，设置的图片大小的尺寸是 A4 纸大小的尺寸）。调整图片，使图片覆盖整个页面。

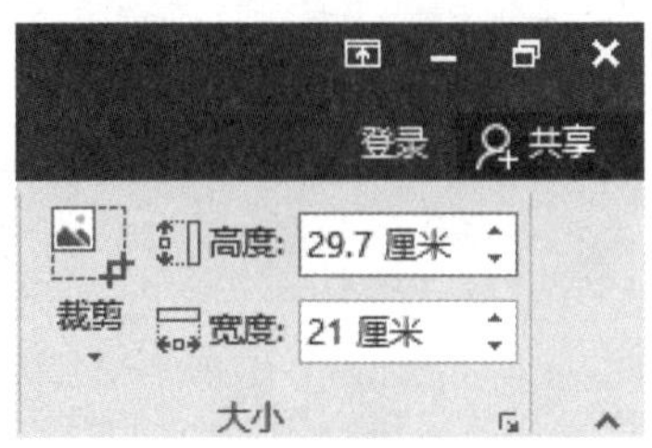

图 2-50　调整图片大小

（3）在“第一页”的可输入文字处，输入“个人简历”，并将字体设置为宋体、五号、居中对齐。

(4) 将光标移动到页眉“第二页”处，并将光标置于“个人简历”字前，重复(1)、(2) 插入图片“内容背景 .jpg”。

4. 整理页面。检查所有页面，适当调整页面以保证和各节课的要求保持一致，并保证所有页面的美观。

5. 文档的另存。单击“文件”→“另存为”→“计算机”→“浏览”按钮，弹出“另存为”对话框，在左侧单击“此电脑”，然后在右侧单击“本地磁盘(D:)”，在“文件名”文本框中输入“自己的姓名(最终版).docx”[如“张三(最终版).docx”]，然后单击“保存”按钮。

6. 打印文档。单击“文件”选项卡，选择“打印”命令，窗口右侧即可显示出“打印预览”窗口，如图 2-51 所示。在“打印预览”窗口左侧即可指定打印机进行打印，可以设置打印部分文档、选择打印文档份数以及选择纸张缩放进行打印，单击“打印”按钮即可进行文件的打印。

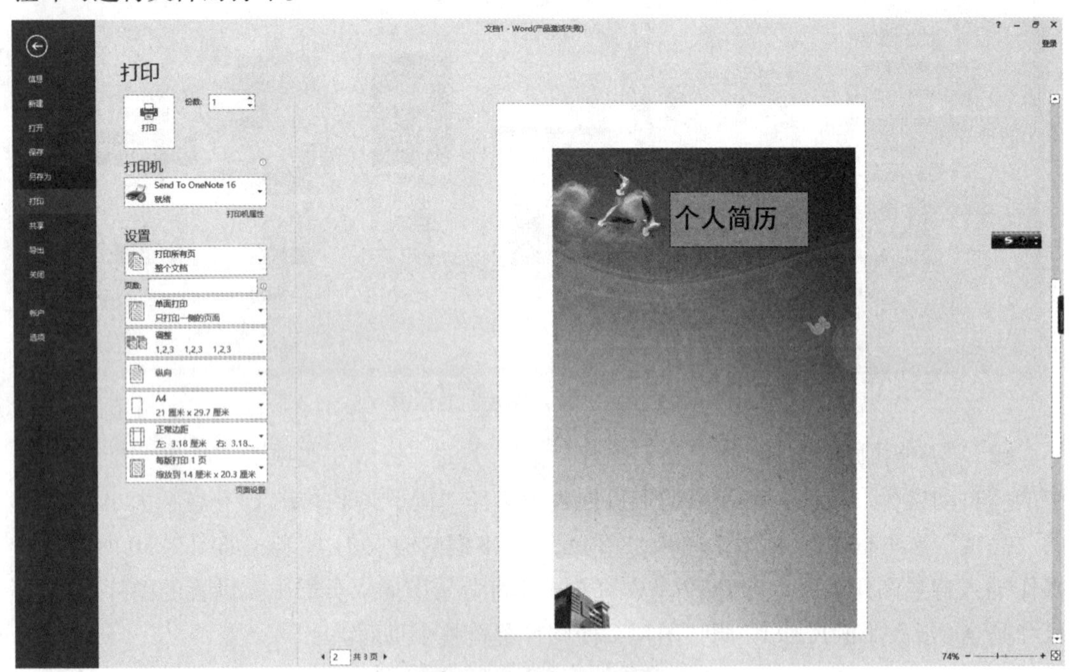

图 2-51 “打印预览”窗口

知识拓展

1. 插入题注

题注是对象下方显示的一行文字，用于描述该对象，可以为图片或其他图像添加题注。

（1）选中要添加题注的图片或表格、公式等对象，在“引用”选项卡中的“题注”组中单击“插入题注”按钮，弹出“题注”对话框，如图 2–52 所示。

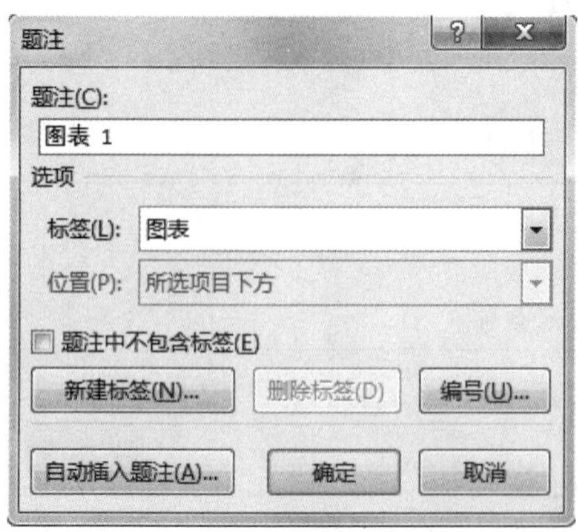

图 2–52　“题注”对话框

（2）选择显示标签的“位置”，单击“新建标签”按钮可以自定义标签，如图 2–53 所示。

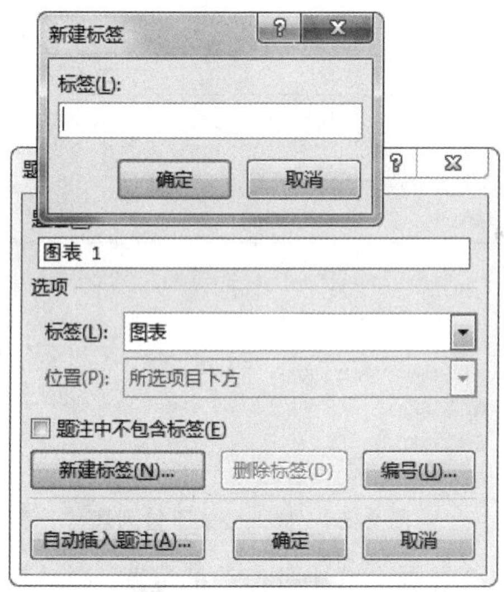

图 2–53　自定义标签

2. 插入数学公式

Word 2013 提供了多种常用的公式供用户直接插入 Word 2013 文档中，用户可以根据需要直接插入这些内置公式，以提高工作效率。

（1）打开 Word 2013 文档窗口，切换到“插入”选项卡。

（2）将光标定位到要插入公式的位置，在“插入”选项卡的“符号”组中单击“公式”按钮，在打开的内置公式列表中选择需要的公式，如图 2–54 所示。

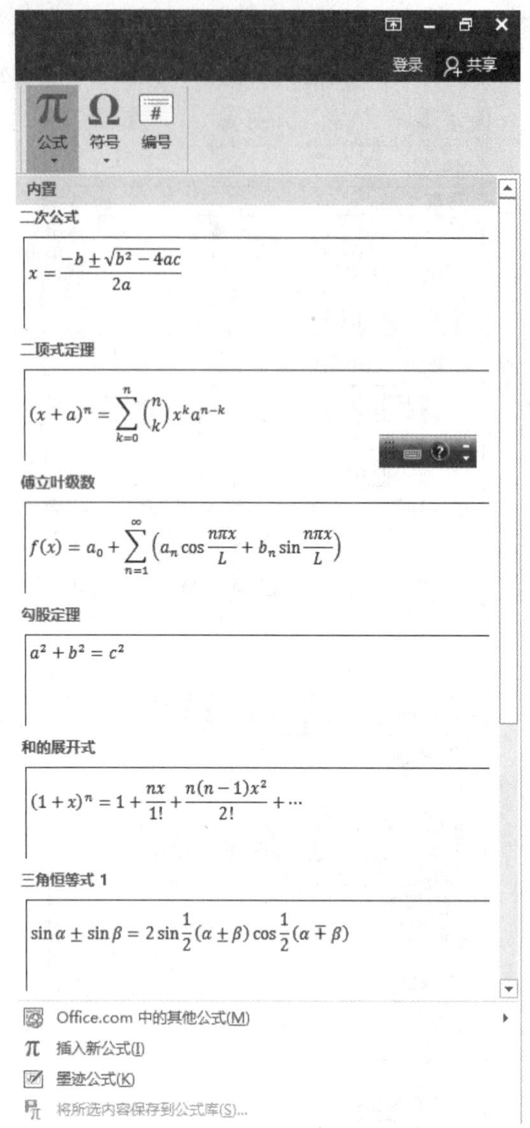

图 2-54　插入公式下拉列表

（3）如果要修改公式，单击该公式中要修改的位置，输入新内容。

习题

一、选择题

1. 关于 Word 查找操作的错误说法为（　　）。

   A. Word 在查找中可以使用通配符

   B. 每次查找操作都是在整个文档范围内进行

   C. Word 可以查找带格式的文本内容

D. Word 可以查找一些特殊的格式符号，如分页线等

2. 在 Word 环境下，删除文本框时（　　）。

A. 只删除文本框内的文本

B. 只能删除文本框边线

C. 文本框边线和文本框中内容都删除

D. 在删除文本框以后，正文不会进行重排

3. 以下关于 Word 打印操作的正确说法为（　　）。

A. 在 Word 开始打印前可以进行打印预览

B. Word 的打印过程一旦开始，在中途无法停止打印

C. 打印格式由 Word 自己控制，用户无法调整

D. Word 每次只能打印一份文稿

4. 中文 Word 编辑软件的运行环境是（　　）。

A. WPS　　B. DOS

C. Windows　　D. 高级语言

5. Word 中的"格式刷"可用于复制文本或段落的格式，若要将选中的文本或段落格式重复应用多次，应（　　）。

A. 单击"格式刷"按钮　　B. 双击"格式刷"按钮

C. 右击"格式刷"按钮　　D. 拖动"格式刷"按钮

6. 在 Word 中"剪切"命令用于删除文本或图形，并将它放置到（　　）。

A. 硬盘上　　B. 软盘上

C. 剪贴板上　　D. 文档上

7. 在 Word 环境下，不可以在同一行中设定为（　　）。

A. 单倍行距　　B. 双倍行距

C. 1.5 倍行距　　D. 单双混合行距

8. 在 Word 的编辑状态打开一个文档，并对其做了修改，进行"关闭"文档操作后（　　）。

A. 文档将被关闭，且修改后的内容不能保存

B. 文档不能被关闭，并提示出错

C. 文档将被关闭，并自动保存修改后的内容

D. 将弹出对话框，并询问是否保存对文档的修改

9. 李明在录入一篇文档时，把所有的"大纲"二字都误输为"大刚"，以下哪种方法能最快捷地改正错误（　　）。

A. 用"定位"命令

B. 用"撤消"和"恢复"命令

C. 用"编辑"菜单中的"替换"命令

D. 用插入光标逐字查找，分别改正

10. 在 Word 中进行文本移动操作，下面说法不正确的是（　　）。

A. 文本被移动到新位置后，原位置的文本不存在

B. 文本移动操作首先要选定文本

C. 可以使用“剪切”“粘贴”命令完成该操作

D. 用“剪切”“粘贴”命令进行文本移动时，被“剪切”的内容只能“粘贴”一次

11. 在 Word 的默认状态下，将鼠标指针移到某一行左端的文档选定区，鼠标指针变成空心的箭头，此时单击鼠标左键，则（　　）。

A. 该行被选定　　B. 该行的下一行被选定

C. 该行所在的段落被选定　　D. 全文被选定

12. 王芳用 Word 制作电子报刊作品时，需要将某图片作为一段文字的背景。操作过程为：插入图片文件后，设置图片格式，将版式设置为（　　）。

A. 嵌入型　　B. 四周型

C. 衬于文字下方　　D. 紧密型

13. 新建文档时，Word 默认的字体和字号分别是（　　）。

A. 黑体、3 号　　B. 楷体、4 号

C. 宋体、5 号　　D. 仿宋、6 号

14. 第一次保存 Word 文档时，系统将打开（　　）对话框。

A. 保存　　B. 另存为

C. 新建　　D. 关闭

15. Word 编辑文档时，所见即所得的视图是（　　）。

A. 普通视图　　B. 页面视图

C. 大纲视图　　D. Web 视图

二、填空题

1. 在 Word 环境下的打开对话框中，单击“文件类型”选项框内的 _____ 项，可查看所有的文件类型。

2. 单击“公式”面板中的 ________ 按钮，可以在弹出的“函数”对话框中，选择需要使用的函数。

3. 单元格的名称是由 _______ 与 _______ 来表示的。第 5 行第 4 列的单元格地址应表示为 ________。

4. 在单元格中输入文本与在 Word 中输入文本一样，按 _____ 键，可以使插入点在单元格中开始一个新的段落。按 _______ 键可以删除插入点右边的字符；按 _______ 键，可以删除插入点左边的字符。

5. 关闭 Word 程序的快捷键是 _______。

6. 在 Word 中编辑页眉和页脚的命令在 ________ 菜单中。

7. 在 Word 中，默认的行间距是 __________，1.5 倍行距是指设置每行的高度为这行中最大的 __________ 的 1.5 倍。

8. 在 Word 文档中插入页码，则单击“__________”菜单中的“__________”命令设置。

9. 在 Word 中，分节符只有在 __________ 与大纲视图方式中才可见到，不能在 __________ 方式及打印结果中见到。

10. 在 Word 中，页眉和页脚的建立方法一样，都用 __________ 菜单中的 __________ 命令进行设置。

三、判断题

1. 对于插入的图片，只能是图在上、文在下，或文在上、图在下，不能产生环绕效果。

2. 在 Word 环境下，用户大部分时间可能工作在普通视图模式下，在该模式下用户看到的文档与打印出来的文档完全一样。

3. 在 Word 环境下，用户大部分时间可能工作在页面视图模式下，在该模式下用户看到的文档与打印出来的文档完全一样。

4. 在 Word 中在字号中，中文字号越大，表示的字越大。

5. Word 中文件的打印只能全文打印，不能有选择地打印。

6. Word、PowerPoint、Wps 都是 Office 的组件。

7. 在 Word 的默认环境下，编辑的文档每隔 10 分钟就会自动保存一次。

8. 在 Word 中 Normal 模板是适用于任何类型文档的通用模板。

9. 在 Word 环境下，文档的脚注就是页脚。

10. Word 的自动更正功能可以由用户进行扩充。

四、操作题

1. 在 Word 中原样录入下列文字，并保存在上述文件夹中，文件名为“test 1”，扩展名缺省。

USB 接口传 MP3 的传输速度与接口有关。传输速度较快，并口接口就慢很多。MP3 播放机内置 32MB 或 64MB 闪存，新产品的闪存可达 256MB。是否带有闪存扩展槽对用户非常重要。因为 64MB 闪存最多能存储 16 首歌曲。

2. 将上述文字按下列要求进行设置：

（1）在文档最前面插入标题“MP3 播放机选购”；

（2）将标题“MP3 播放机选购”设置为艺术字，式样自选，字体华文行楷，36 号，加粗；

（3）将正文文字设置为四号华文彩云、首行缩进 2 字符，行距设为 2 倍；

（4）将文档中所有的“接口”字符替换为“Windows”；

（5）将正文复制一份做为第二段，并将正文第二段设置为竖排文本框，上下环绕；插入任意一剪贴画，保存文件，文件名为“test 2”。

3. 在 Word 中原样录入下列文字，并保存在上述文件夹中，文件名为“test 1”，扩展名缺省。设置自动创建文档备份该项设置可使 Word 在保存文档时自动保存一个备份。这样，如果将正在编辑的文本存盘，则保存的是当前的最新信息，而备份的副本则是上次存盘保存的信息。在正式文档和备份文档之间有一个时间差。如果不小心删除了正式文档，或者保存了不需要的信息，则可使用备份文档来恢复。

4. 将上述文字按下列要求进行设置：

（1）标题设置：居中，文字设置为黑体、一号、阴影，蓝色，字符间距加宽 3 磅，带圈字符；

（2）将正文文字设置为四号仿宋、首行缩进 1 字符，行距设为 1 倍行距，纸张大小为 16K；

（3）将正文复制一份作为第二段，并将第二段分为 2 栏，栏宽相等，栏间分隔线；

（4）为文档添加文字水印。文字为“样本”，其它选项保持默认值；

（5）在文档末尾插入一张你们班的课程表，保存文件，文件名为“test 2”，扩展名缺省。

项目三　应用 Excel 2013 编辑电子表格

【项目要点】

本项目的目的是使学生掌握 Excel 2013 的基本概念、使用与操作方法。共包括 6 个任务。主要从以下几个方面考查学生的学习情况。

1. 了解 Excel 2013 的主要功能，掌握启动和退出 Excel 2013 的各种方法。
2. 了解窗口的组成及各部分的使用方法。
3. 掌握工作簿、工作表、单元格和单元格区域的概念及各自的关系。
4. 掌握工作簿的创建、打开、保存及关闭的各种方法。
5. 掌握工作表中各种数据类型（包括文本、数字、日期 / 时间、公式和函数、批注）的输入方法和技巧。
6. 掌握工作表中数据的编辑（复制、移动、清除和修改等）及工作表的编辑（插入、删除单元格、行和列）方法，了解行和列的隐藏与锁定、窗口的拆分和还原等操作。
7. 掌握工作表的管理（选择、插入、重命名、删除、移动和复制工作表）方法。
8. 掌握格式化工作表的各种方法。
9. 了解 Excel 2013 和 Word 2013 的协同操作。

任务 1　制作“学生成绩登记册”工作簿

任务目的

1. 熟悉 Excel 2013 操作界面。
2. 掌握新建、保存、打开、关闭工作簿。
3. 掌握插入、重命名、删除工作表。
4. 掌握在工作表中输入、编辑数据。
5. 掌握选择单元格及行、列。
6. 掌握设置单元格的格式。

任务内容

1. 建立工作簿。启动 Excel 2013，建立一个新的工作簿。

2. 修改工作表名称。将 Sheet1 工作表更名为“18 计算机成绩登记册”工作表。

3. 保存工作簿。将工作簿以文件名“学生成绩登记册”保存在桌面上。

4. 合并单元格。将 A1:L1、A2:L2、A3:C3、E3:I3、J3:L3、A4:C4、E4:I4、J4:L4、A5:L5、A32:L32 合并单元格。

5. 文字输入。在“18 计算机成绩登记册”工作表中按照位置输入如图 3-1 所示的数据。

图 3-1 “18 计算机成绩登记册”工作表

6. 设置字体。将 A1 字体设为宋体，18 磅字，加粗；将 A2:L5 字体设为宋体，10 磅字；A6:L32 字体设为宋体，11 磅字。

7. 设置单元格对齐方式。横向对齐方式，A1:A2 居中对齐，A3:L5 左对齐，A6:L6 居中对齐，A7:A30 居中对齐，B7:C30 左对齐，D7:L30 居中对齐，A32 左对齐；纵向对齐方式，A1:L32 纵向居中对齐。

8. 表格线绘制。绘制 A6:L30 的表格线为全部框线细实线。

9. 行高设置。设置 1 行的行高为 25，2:5 行的行高为 13，6 行的行高为 30，7:30 行的行高为 15，31:32 行的行高为 13。

10. 列宽设置。设置 A 列的列宽为 2.5，B:C 列的列宽为 15，D 列的列宽为 5，E 列的列宽为 6，F:J 列的列宽为 8，K:L 列的列宽为 6。

11. 保存并退出。将“学生成绩登记册”工作簿保存后退出。

任务步骤

1. 启动 Excel 2013

选择“开始”→“M 区域”→“Microsoft Office 2013”→“Excel 2013”命令，启动 Microsoft Office Excel 2013，如图 3-2 所示，选择“空白工作簿”建立一个名为“工作簿 1”的空白工作簿，这时的界面如图 3-3 所示。

图 3-2　Excel 导航界面

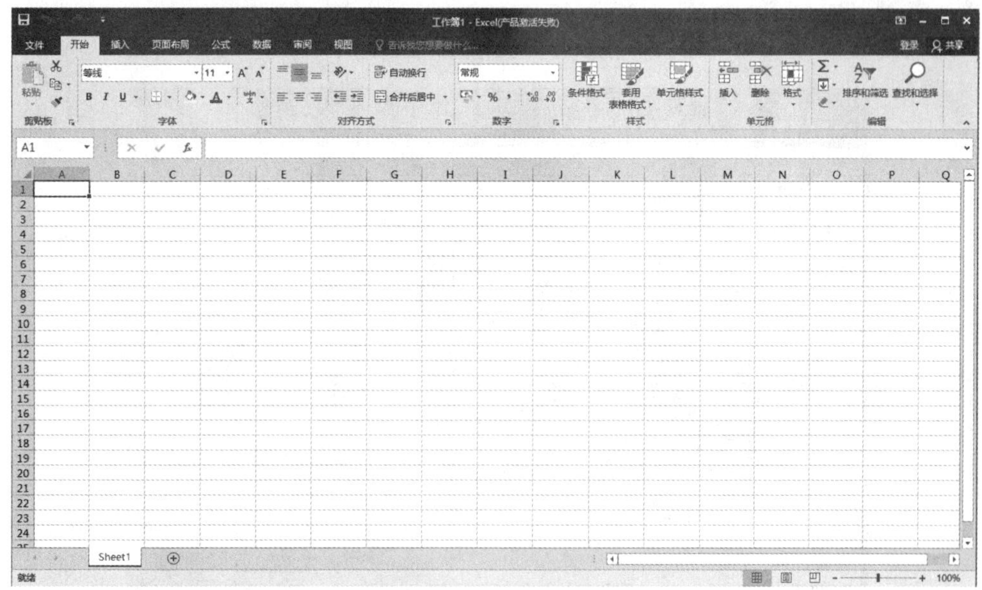

图 3-3　Excel 工作界面

在图 3–3 中，最大的区域是 Excel 的工作区，工作区由行和列组成，行和列交叉构成的一个个小方格称为单元格。Excel 中的行和列最大值分别为 2^{20} 行、2^{14} 列。Excel 中用列标和行号表示单元格地址，如 C2 表示 C 列第 2 行的单元格，E6 表示 E 列第 6 行的单元格。C2:E6 表示包含 C2 和 E6 之间的所有单元格。

2. 修改工作表名称

选中工作表 Sheet 1，右击弹出快捷菜单，选择“重命名”命令，将 Sheet 1 重命名为“18 计算机成绩登记册”工作表。

3. 保存工作簿

单击快速访问工具栏中“保存”按钮，弹出“另存为”窗口，如图 3–4 所示，单击“浏览”按钮弹出“另存为”对话框，如图 3–5 所示。单击“桌面”图标，然后在“文件名”下拉列表框中直接输入“学生成绩登记册”，单击“保存”按钮完成存盘。

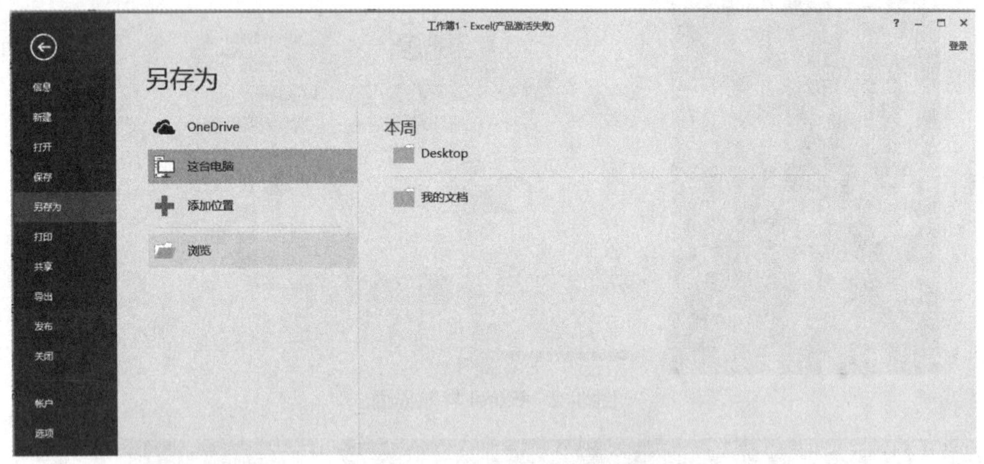

图 3–4 “另存为”窗口

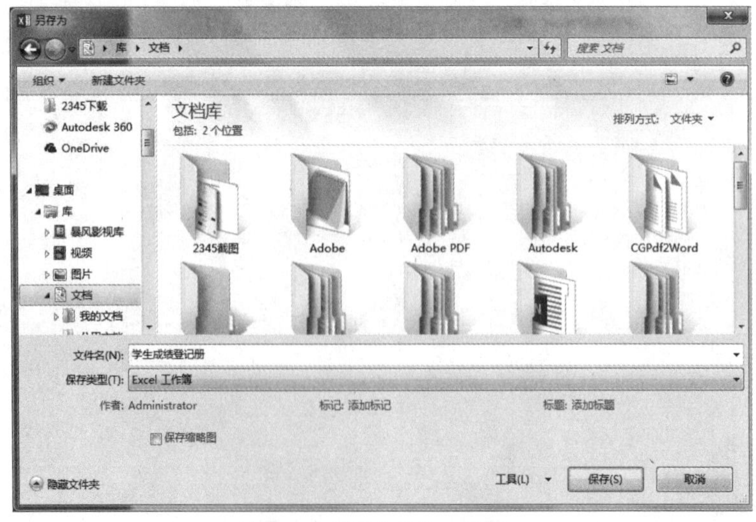

图 3–5 “另存为”对话框

4. 合并单元格

单击 A1 单元格，按住 Shift 键后再单击 L1 单元格，选中 A1:L1 单元格区域，松开 Shift 键。在“开始”功能区中单击“合并后居中”按钮合并 A1:L1，想取消合并同样再次单击此按钮即可。利用同样方法合并 A2:L2、A3:C3、E3:I3、J3:L3、A4:C4、E4:I4、J4:L4、A5:L5、A32:L32 单元格。

5. 文字输入

单击 A1 单元格，在编辑栏中输入“辽宁城市建设职业技术学院成绩登记册”后单击√按钮完成输入，也可以单击 A1 后直接输入文字，输入完成后按 Enter 键完成输入。需要注意的是，原来单元格中已经输入文字时后一种方法会将原来的文字代替。用同样的方法将图 3–1 的文字按照对应的位置输入表格中。

6. 设置字体

单击 A1 单元格，在“开始”选项卡的“字体”组中单击“字体”下三角按钮，在下拉列表中选择“宋体”选项，单击“字号”下拉按钮 11 ，在展开的下拉列表中选择 18 选项，然后单击加粗“B”按钮将字体加粗。按同样的方法设置其他字体。

7. 设置单元格对齐方式

单元格对齐方式工具在“开始”选项卡的“对齐方式”区域，如图 3–6 所示，上面的 3 个按钮分别为纵向对齐方式的“靠上”“居中”“靠下”，下面的 3 个按钮分别为横向对齐方式的“靠左”“居中”“靠右”；选中 A1:A2 单元格，单击横向对齐方式的居中按钮将 A1:A2 单元格设置为横向居中对齐。选中 A3:L5 单元格，单击靠左对齐按钮将 A3:L5 单元格设置为横向左对齐，按同样方法设置其他单元格。选中 A1:L32 单元格单击纵向对齐方式的居中按钮将 A1:L32 所有单元格设置为纵向居中对齐。

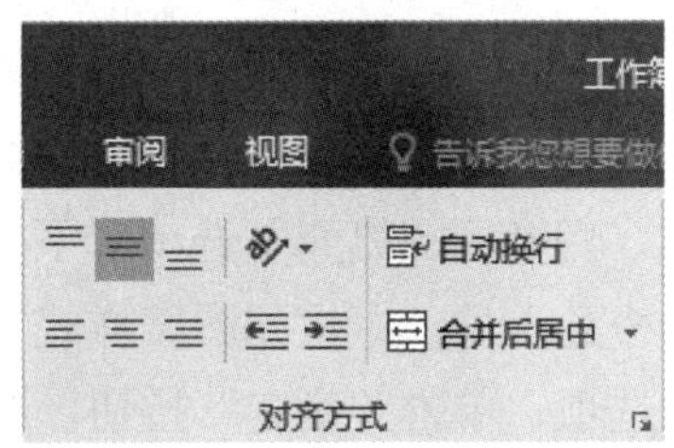

图 3–6　单元格对齐方式区域

8. 表格线绘制

选中 A6:L30 单元格，单击“开始”选项卡字体区域中的绘制表格工具中下三角按钮，选择“所有框线”选项将“所有框线”设为细实线。

9. 行高设置

右击行号 1，在弹出的快捷菜单中选择“行高”命令，在“行高”文本框中输入 25，单击“确定”按钮，并用此方法设置其他行高。

10. 列宽设置

将光标移动到列标 A 位置，右击弹出快捷菜单，选择“列宽”命令，弹出“列宽”对话框，在“列宽”文本框中输入 2.5 后单击“确定”按钮，并用此方法设置其他列宽。

11. 保存并退出

单击快速访问工具栏中的“保存”按钮，将编辑过的文件按原路径存盘，注意此时不再弹出“另存为”对话框。退出 Excel，单击标题栏右侧的(×)按钮退出程序。

知识拓展

设置单元格底纹

1. 选择填充颜色

选中需要设置填充颜色的单元格区域，如选择 A2:G3 单元格区域，在“开始”选项卡的“字体”组中单击“填充颜色”下三角按钮，然后在展开的下拉列表中选择所需的颜色，如黄色。效果如图 3-7 所示。

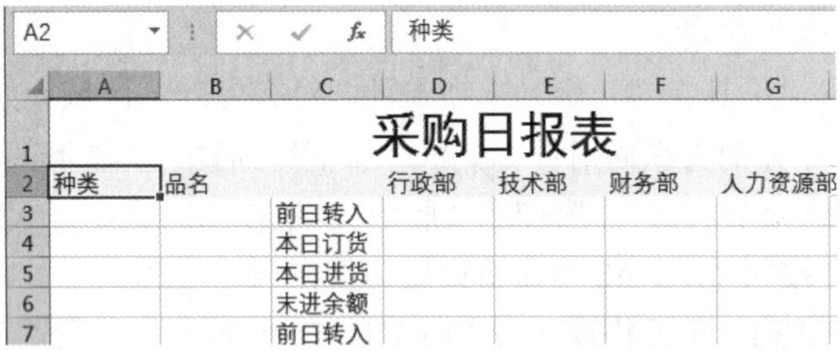

A2 | 种类

	A	B	C	D	E	F	G
1			采购日报表				
2	种类	品名		行政部	技术部	财务部	人力资源部
3			前日转入				
4			本日订货				
5			本日进货				
6			末进余额				
7			前日转入				

图 3-7　设置单元格底纹颜色效果

2. 选择图案颜色

选中 C4:C35 单元格区域，在选定区域上右击，在弹出的快捷菜单中选择“设置单元格格式”命令，弹出对话框，切换到“填充”选项卡下，单击“图案颜色”下三角按钮，在展开的下拉列表中选择橙色选项。单击“图案样式”下三角按钮，在展开的下拉列表中选择“细水平刨面线”选项，单击“确定”按钮。可以看到所选择的单元格设置了图案填充效果，如图 3-8 所示。

3. 绘制斜线表头

欲完成如图 3-9 所示的斜表头，选中目标单元格 C2，在“开始”选项卡的“字体”组中选择“设置单元格格式”命令，打开“设置单元格格式”对话框。切换到“边框”选项卡，在“边框”区域中单击所需样式的“斜线边框”按钮，如图 3-10 所示，单击“确定”按钮完成斜线绘制。将格式调为左上对齐，输入“部门”，按 Alt+Enter 组合键，输入“时间”。“部门”前面加空格对齐到右侧。

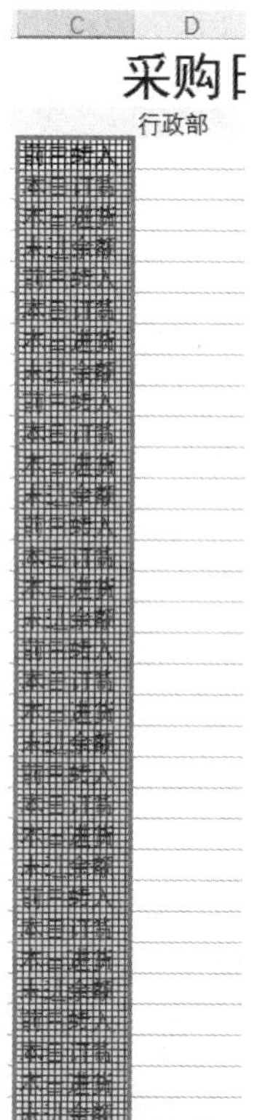

图 3-8　设置单元格图案填充效果

采购日报表

品名	部门 时间	行政部	技术部	财务部

图 3-9　绘制斜线表头效果

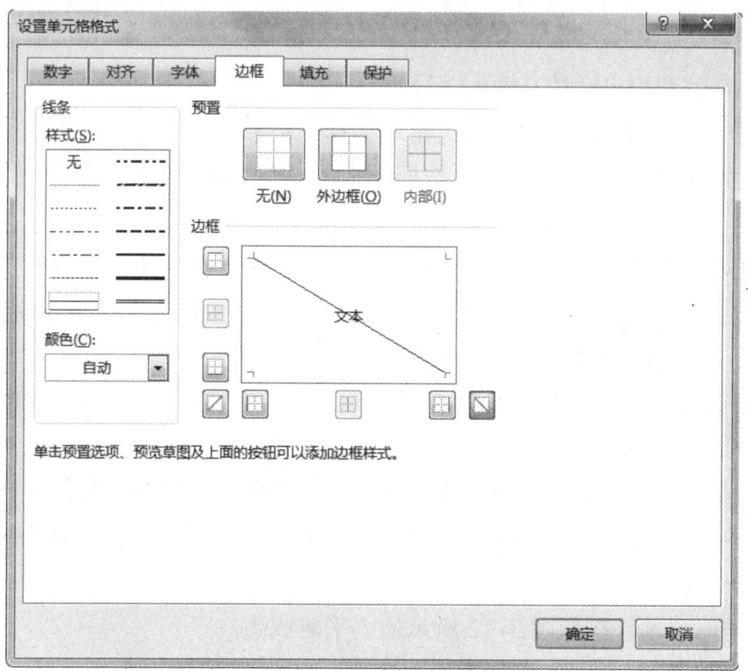

图 3-10　添加斜线表头

任务 2　编辑“学生成绩登记册”工作簿

任务目的

1. 在工作表中输入、编辑数据。
2. 复制工作表。
3. 插入、删除行、列。
4. 特殊数据输入。
5. 自动填充数据。
6. 设置单元格数据格式。
7. 建立条件格式。
8. 查找、替换数据。
9. 数据验证。

任务内容

1. 打开工作簿。打开“Excel 实例 \ 学生成绩登记册 . xlsx”工作簿，切换到“18 计算机成绩登记册”工作表。

2. 输入序号。利用自动填充输入序号。

3. 输入学号。利用自定义数字格式输入学号。

4. 输入姓名并生成自定义序列。按照图 3–11 所示输入姓名，并将姓名生成自定义序列。

5. 输入性别。利用“数据验证”允许条件中的序列选择性输入性别。

6. 设置数据有效性。选中 G7:J29 单元格，设置输入数据为 0 ～ 100 的整数，出错警告为“停止”，显示为“请输入 0 ～ 100 间的整数”。

7. 建立条件格式。选中 G7:J29 单元格，添加 90（含 90）分以上的成绩字体颜色为绿色，60 分以下的成绩字体颜色为红色，字体加粗。

8. 修改表名。将“学生成绩登记册”重命名为“18 计算机学生成绩登记册”。

9. 复制工作表。复制“18 计算机学生成绩登记册”并重命名为“18 计算机学生计算机科学成绩登记册”。

12. 输入平时成绩。按照图 3–12 所示输入平时成绩。

18计算机成绩

2017-2018第一学期

课程：[060301]计算机科学　行政班级：18计算机　学分：2.0　课程类别：公

（20%）+期中成绩（30%）+期末成绩（

序号	学号	姓名	性别	修读性质	班级
1	16000530	王洋洋	男	必修	18计算机
2	16000531	姚顺	男	必修	18计算机
3	16000532	魏军帅	男	必修	18计算机
4	16000533	姚川	男	必修	18计算机
5	16000534	魏海婉	女	必修	18计算机
6	16000535	高少静	女	必修	18计算机
7	16000536	宁波	女	必修	18计算机
8	16000537	宋飞星	女	必修	18计算机
9	16000538	张微微	男	必修	18计算机
10	16000539	高飞	女	必修	18计算机
11	16000540	陈莹	女	必修	18计算机
12	16000541	宋艳秋	女	必修	18计算机
13	16000542	陈鹏	男	必修	18计算机
14	16000543	关利	男	必修	18计算机
15	16000544	赵锐	男	必修	18计算机
16	16000545	张磊	男	必修	18计算机
17	16000546	江涛	男	必修	18计算机
18	16000547	陈晓华	女	必修	18计算机
19	16000548	李小林	女	必修	18计算机
20	16000549	成军	女	必修	18计算机
21	16000550	王军	女	必修	18计算机
22	16000551	王天	男	必修	18计算机
23	16000552	王征	男	必修	18计算机

登分人：　签字：　审核人：　审核日期：

图 3-11　“学生成绩登记册”完成效果

18计算机成绩登记册

2017-2018第一学期

课程：[060301]计算机科学　行政班级：18计算机　学分：2.0　课程类别：公共课/必修　学生人数：20　考核方式：考试

（20%）+期中成绩（30%）+期末成绩（40%）+技能成绩（10%）

序号	学号	姓名	性别	修读性质	班级	平时成绩	期中成绩	期末成绩	技能成绩	综合成绩	备注
1	16000530	王洋洋	男	必修	18计算机	86	84	90	78		
2	16000531	姚顺	男	必修	18计算机	93	89	87	80		
3	16000532	魏军帅	男	必修	18计算机	65	75	82	90		
4	16000533	姚川	男	必修	18计算机	90	90	84	75		
5	16000534	魏海婉	女	必修	18计算机	85	88	87	86		
6	16000535	高少静	女	必修	18计算机	48	60	75	73		
7	16000536	宁波	女	必修	18计算机	75	80	76	83		
8	16000537	宋飞星	女	必修	18计算机	86	85	90	80		
9	16000538	张微微	男	必修	18计算机	55	65	70	79		
10	16000539	高飞	女	必修	18计算机	76	88	65	65		
11	16000540	陈莹	女	必修	18计算机	79	85	81	84		
12	16000541	宋艳秋	女	必修	18计算机	90	86	83	91		
13	16000542	陈鹏	男	必修	18计算机	67	83	77	88		
14	16000543	关利	男	必修	18计算机	86	84	84	76		
15	16000544	赵锐	男	必修	18计算机	55	63	68	74		
16	16000545	张磊	男	必修	18计算机	76	78	85	82		
17	16000546	江涛	男	必修	18计算机	79	86	63	77		
18	16000547	陈晓华	女	必修	18计算机	90	84	78	81		
19	16000548	李小林	女	必修	18计算机	67	76	79	87		
20	16000549	成军	女	必修	18计算机	88	91	82	90		
21	16000550	王军	女	必修	18计算机	86	93	83	79		
22	16000551	王天	男	必修	18计算机	78	84	80	89		
23	16000552	王征	男	必修	18计算机	92	93	81	86		

登分人：　签字：　审核人：　审核日期：

图 3-12　“18 计算机学生计算机科学成绩登记册”完成效果

13. 保存工作簿。

任务步骤

1. 打开工作簿。打开“Excel 实例 \ 学生成绩登记册 .xlsx”工作簿。

打开“Excel 实例”文件夹，双击“学生成绩登记册 .xlsx”文件图标打开工作簿。

2. 输入序号。选中 A7 单元格输入 1，选中 A8 单元格输入 2，同时选中 A7:A8 单元格如图 3–13 所示，向下拖动至 A29 完成步长为 1 的数据复制。

3. 输入学号。选中 B7 单元格，右击，在弹出的快捷菜单中选择“设置单元格格式”命令，弹出“设置单元格格式”对话框，选择“数字”选项卡，选择“分类”列表中的“自定义”选项，如图 3–14 所示。

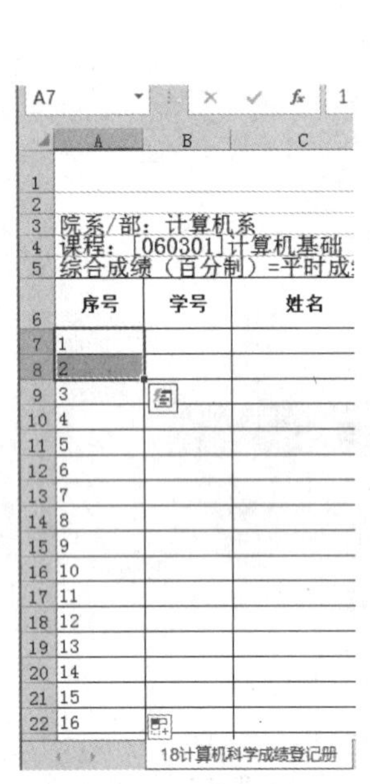

图 3–13　复制柄

图 3–14　“设置单元格格式”的“数字”选项卡

注意：所有符号都应采用英文标点。单击“确定”按钮后再次选中 B7 单元格输入 16000530，按复制柄复制数据到 B29 完成学号输入。

4. 输入姓名。按照图 3–11 所示输入姓名。打开“文件”菜单（见图 3–15）选项，选择“选项”命令，弹出“Excel 选项”对话框。选择“高级”选项卡，向下滚动鼠标找到“创建用于排序和填充序列的列表”，如图 3–16 所示，单击“编辑自定义列表”按钮，弹出“自定义序列”对话框，单击按钮，选中 C7:C26 单元格区域，按 Enter 键，单击“导入”按钮并单击“确定”按钮，如图 3–17 所示。

信息
新建
打开
保存
另存为
打印
共享
导出
发布
关闭
帐户
选项
打开
最近
OneDrive
这台电脑
添加位置
浏览
昨天
本周
更早

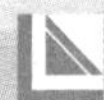

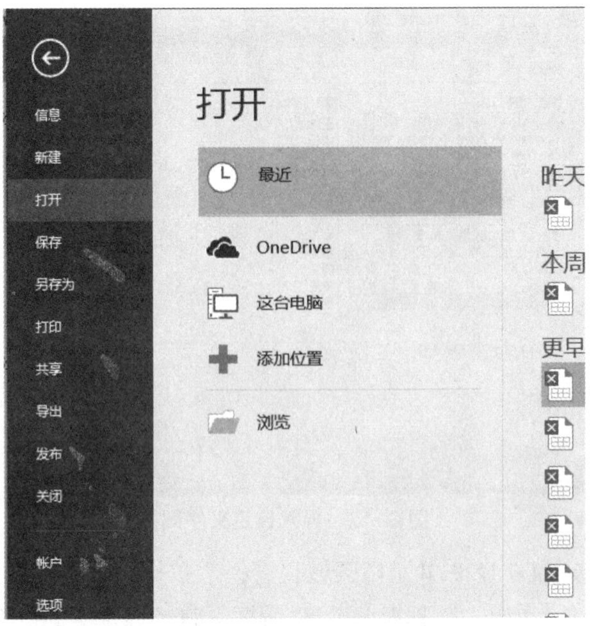

图 3-15 “文件”菜单

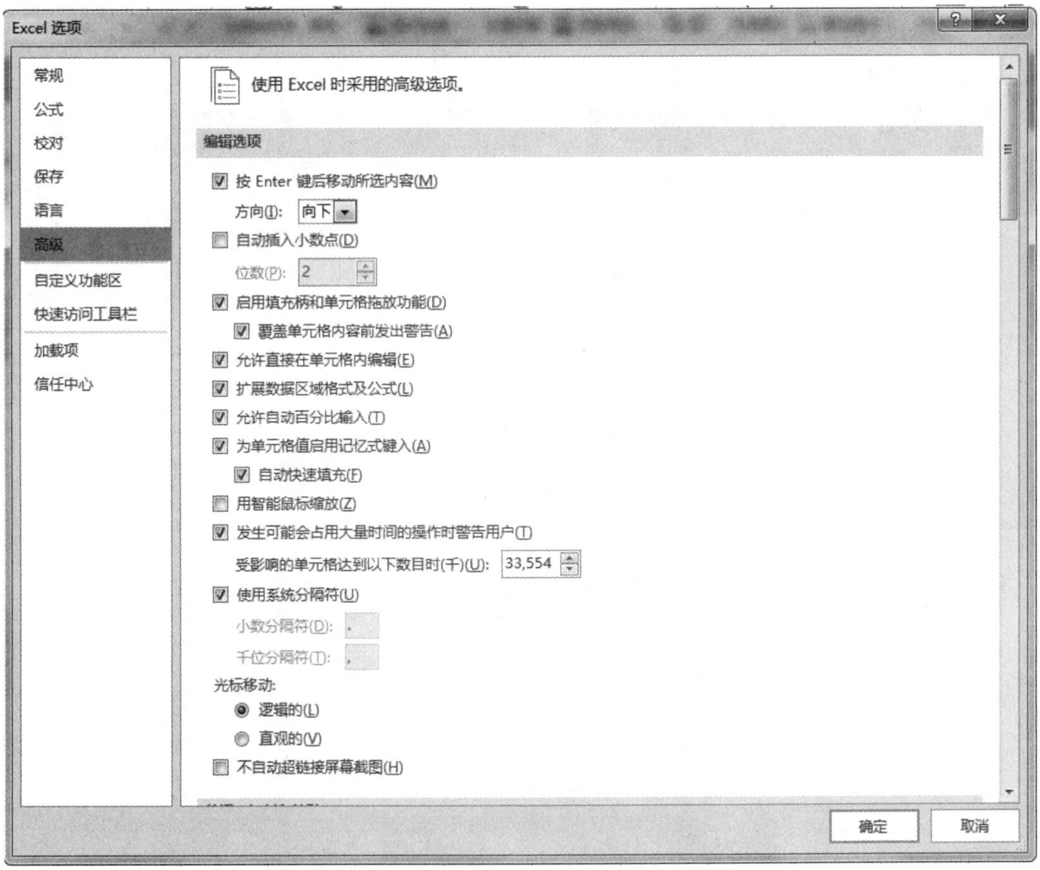
Excel 选项
常规
公式
校对
保存
语言
高级
自定义功能区
快速访问工具栏
加载项
信任中心
使用 Excel 时采用的高级选项。
编辑选项
按 Enter 键后移动所选内容(M)
方向(I): 向下
自动插入小数点(D)
位数(P): 2
启用填充柄和单元格拖放功能(D)
覆盖单元格内容前发出警告(A)
允许直接在单元格内编辑(E)
扩展数据区域格式及公式(L)
允许自动百分比输入(T)
为单元格值启用记忆式键入(A)
自动快速填充(F)
用智能鼠标缩放(Z)
发生可能会占用大量时间的操作时警告用户(T)
受影响的单元格达到以下数目时(千)(U): 33,554
使用系统分隔符(U)
小数分隔符(D):
千位分隔符(T):
光标移动:
逻辑的(L)
直观的(V)
不自动超链接屏幕截图(H)
确定
取消

图 3-16 “Excel 选项”对话框的“高级”选项卡

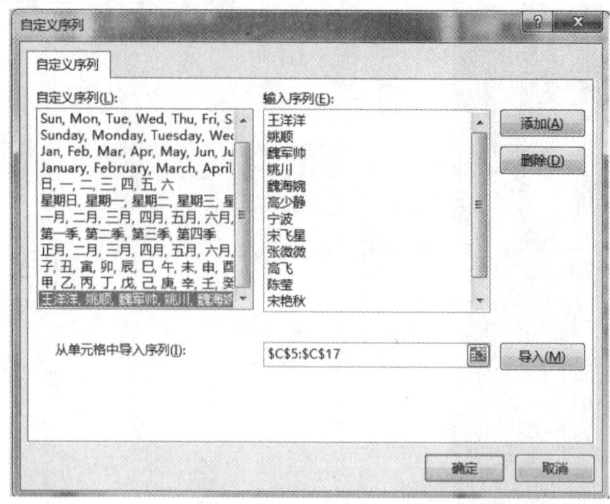

图 3–17　导入自定义序列

5. 输入性别。选中 D7:D29 单元格区域，选择“数据”选项卡，如图 3–18 所示，单击“数据验证”按钮，弹出“数据验证”对话框，将“验证条件”区域允许“任何值”更改为“序列”，并在“来源”文本框中输入“男，女”，如图 3–19 所示，需要注意的是，“,”为英文标点。再次选中 D7 出现下三角按钮，单击下三角按钮后选择性别输入。依次按图 3–11 完成性别输入。

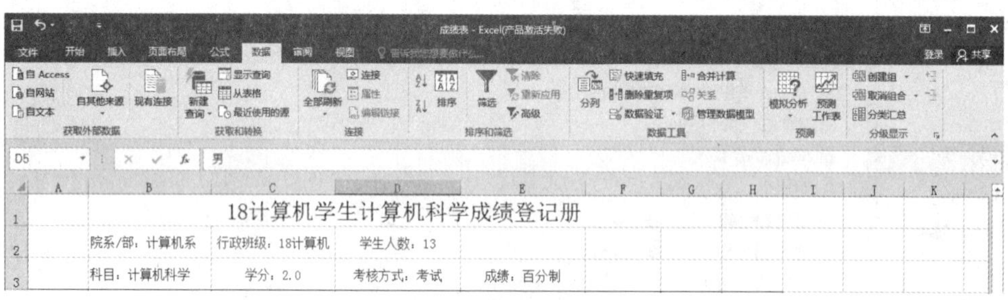

图 3–18　“数据”选项卡

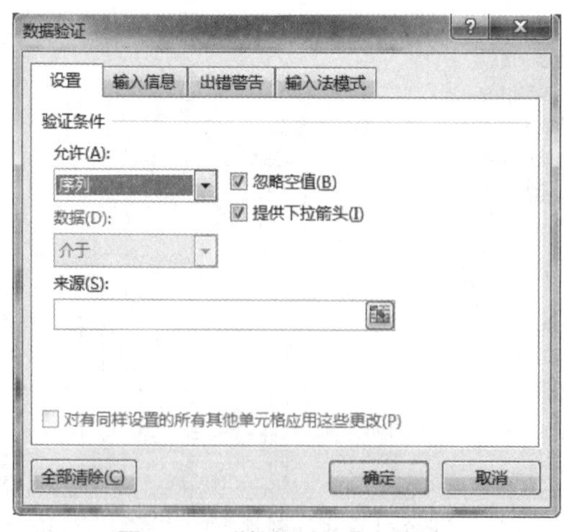

图 3–19　“数据验证”对话框

6. 设置数据有效性。选中 J7:K29 单元格，选择“数据”选项卡，如图 3–18 所示，单击“数据验证”按钮，弹出“数据验证”对话框，将“验证条件”区域允许“任何值”更改为“整数”，最小值文本框输入 0，最大值文本框输入 100，如图 3–20 所示。选择“出错警告”选项卡，出错“样式”选择“停止”选项，“错误信息”文本框中输入“请输入 0 ～ 100 的整数”，如图 3–21 所示，单击“确定”按钮。

数据验证
设置　输入信息　出错警告　输入法模式
验证条件
允许(A):
整数
忽略空值(B)
数据(D):
介于
最小值(M)
0
最大值(X)
100
对有同样设置的所有其他单元格应用这些更改(P)
全部清除(C)　确定　取消

图 3–20　“数据验证”对话框的“设置”选项卡

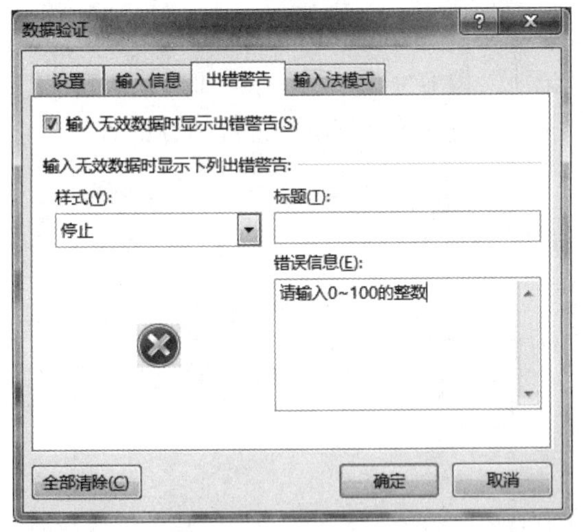

图 3–21　“数据验证”对话框的“出错警告”选项卡

7. 建立条件格式。选中 G7:K29 单元格单击“开始”功能区下的“条件格式”按钮，在下拉列表中选择“新建规则……”选项，在“选择规则类型”列表框中选中“只为包含以下内容的单元格设置格式”，如图 3–22 所示，将“介于”选项，更改为“大于或等于”选项，在后面的文本框中输入 90，单击“格式”按钮，设字体颜色为绿色。再次选择“新建规则……”选项，按同一步骤操作，此次将“介于”选项更改为“小于”选项，在后面的文本框中输入 60，字体颜色设为红色，字体加粗。

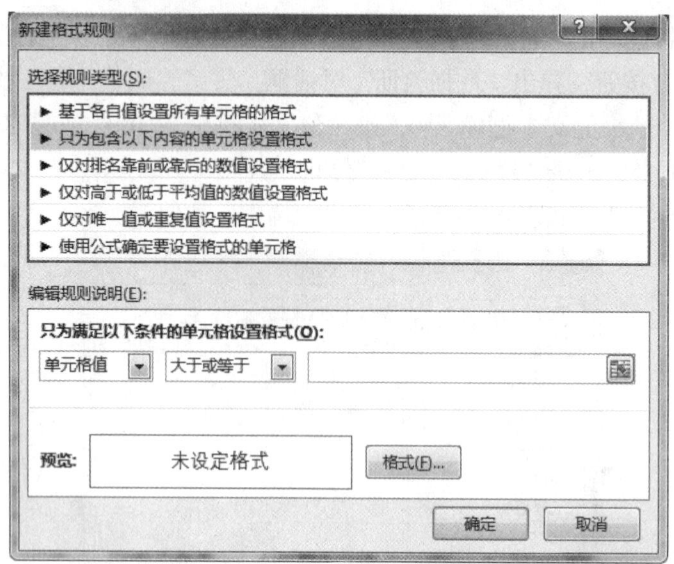

图 3-22 “新建格式规则”对话框

9. 修改表名。右击“学生成绩登记册”表名，在快捷菜单中选择“重命名”命令将“学生成绩登记册”重命名为“18 计算机学生计算机科学成绩登记册”。

10. 复制工作表。右击“18 计算机学生计算机科学成绩登记册”表名，在快捷菜单中选择“移动或复制”命令，弹出“移动或复制工作表”对话框，如图 3-23 所示，选中“建立副本”复选框，选中“(移至最后)”然后单击“确定”按钮生成与“18 计算机学生计算机科学成绩登记册”内容完全一样的表“18 计算机学生计算机科学成绩登记册(2)”，将其重命名为“18 计算机学生计算机科学成绩登记册”。

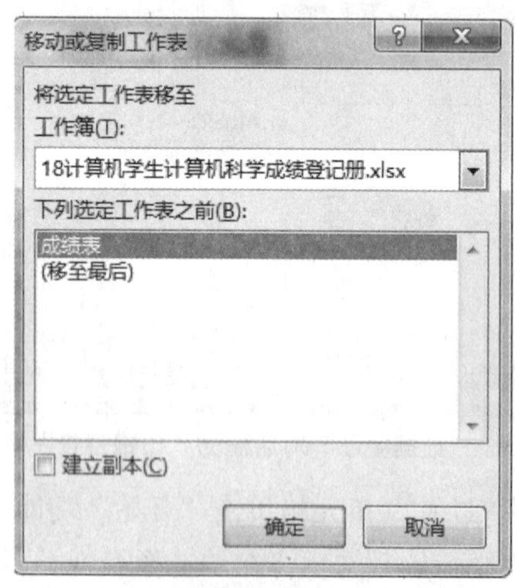

图 3-23 “移动或复制工作表”对话框

11. 修改相关内容。进入“18 计算机学生计算机科学成绩登记册”将课程改为“[060301] 计算机科学”，将“平时成绩”改为“期中成绩”，将“期中成绩”改为“期末成绩”，如图 3-24 所示。

18计算机成绩登记册

2017-2018第一学期

课程：[060301]计算机科学　行政班级：18计算机　学生人数：20

学分：2.0　课程类别：公共课/必修　考核方式：考试

（20%）+期中成绩（30%）+期末成绩（40%）+技能成绩（10%）

序号	学号	姓名	性别	修读性质	班级	平时成绩	期中成绩	期末成绩	技能成绩	综合成绩	备注
1	16000530	王洋洋	男	必修	18计算机	86	84	90	78		
2	16000531	姚顺	男	必修	18计算机	93	89	87	80		
3	16000532	魏军帅	男	必修	18计算机	65	75	82	90		
4	16000533	姚川	男	必修	18计算机	90	90	84	75		
5	16000534	魏海婉	女	必修	18计算机	85	88	87	86		
6	16000535	高少静	女	必修	18计算机	48	60	75	73		
7	16000536	宁波	女	必修	18计算机	75	80	76	83		
8	16000537	宋飞星	女	必修	18计算机	86	85	90	80		
9	16000538	张微微	男	必修	18计算机	55	65	70	79		
10	16000539	高飞	女	必修	18计算机	76	88	65	65		
11	16000540	陈莹	女	必修	18计算机	79	85	81	84		
12	16000541	宋艳秋	女	必修	18计算机	90	86	83	91		
13	16000542	陈鹏	男	必修	18计算机	67	83	77	88		
14	16000543	关利	男	必修	18计算机	86	84	84	76		
15	16000544	赵锐	男	必修	18计算机	55	63	68	74		
16	16000545	张磊	男	必修	18计算机	76	78	85	82		
17	16000546	江涛	男	必修	18计算机	79	86	63	77		
18	16000547	陈晓华	女	必修	18计算机	90	84	78	81		
19	16000548	李小林	女	必修	18计算机	67	76	79	87		
20	16000549	成军	女	必修	18计算机	88	91	82	90		
21	16000550	王军	女	必修	18计算机	86	93	83	79		
22	16000551	王天	男	必修	18计算机	78	84	80	89		
23	16000552	王征	男	必修	18计算机	92	93	81	86		

登分人：　签字：　审核人：　审核日期：

图 3–24　修改“18 计算机学生计算机科学成绩登记册”

12. 输入期中成绩、期末成绩。按照图 3–12 所示输入“18 计算机学生计算机科学成绩登记册”的平时成绩和最终成绩。

13. 保存工作簿。单击左上角保存按钮，保存工作簿的修改编辑。

知识拓展

输入数据

1. 输入以 0 开头的数据

在输入以 0 开头的数据时，会发现有效数字前面的 0 自动消失，即无法输入以 0 开头的数据。那是因为 Excel 默认以“常规”格式显示数据的，数字之前的 0 作为无效的数据不显示。此时，需要将输入的内容以文本格式显示，才能显示有效数字之前的 0。

方法：使用文本格式输入数据。

选中 A4:A12 单元格区域，然后在“开始”选项卡的“数字”组中，单击“数字格式”下三角按钮 常规 ，在其下拉列表中选择“文本”选项，再输入以 0 开头的数据，即可以实现有效数字前面 0 的正常显示。

2. 自动填充数据

自动填充数据是根据已有的数据项，通过拖动填充柄快速填充相匹配的数据，如自动填充序列、有规律的数据、相同的数据、自定义序列的数据。

打开文件“Excel 实例 \ 自动序列原始表 . xlsx”，切换到 Sheet 1 工作表，如图 3–25 所示。

	A	B	C	D	E	F	G	H	I
1	编号1	编号2	名称	日期1	日期2	时间	星期1	星期2	月份
2	1	2	选修	2018/6/30	6月30	15；56	星期六	sun	六月
3									
4									

图 3–25　自动序列原始表

选中 A2 单元格，将鼠标指针移动到单元格区域右下角填充柄处，当鼠标指针变成黑色十字形状时按住左键向下拖动到 A10 单元格后释放鼠标，可以看到在选择的单元格区域中显示了填充的序列。

选中 B2:B3 单元格区域，将鼠标指针移动到选中区域右下角填充柄处，当鼠标指针变成黑色十字形状时双击，可以看到同样自动填充了序列。

同理将其他列数据按自动填充方法进行输入，结果如图 3–26 所示。

	A	B	C	D	E	F	G	H	I
1	编号1	编号2	名称	日期1	日期2	时间	星期1	星期2	月份
2	1	2	选修	2018/7/1	7月1日	15:56	星期一	sun	一月
3	2	4	选修	2018/7/2	7月2日	16:56	星期二	Mon	二月
4	3	6	选修	2018/7/3	7月3日	17:56	星期三	Tue	三月
5	4	8	选修	2018/7/4	7月4日	18:56	星期四	Wed	四月
6	5	10	选修	2018/7/5	7月5日	19:56	星期五	Thu	五月
7	6	12	选修	2018/7/6	7月6日	20:56	星期六	Fri	六月
8	7	14	选修	2018/7/7	7月7日	21:56	星期日	Sat	七月
9	8	16	选修	2018/7/8	7月8日	22:56	星期一	Sun	八月
10	9	18	选修	2018/7/9	7月9日	23:56	星期二	Mon	九月
11									

图 3–26　自动填充结果

任务 3　使用公式计算“学生成绩登记册”工作簿

任务目的

1. 单元格的引用。
2. 公式的输入。
3. 公式中的数值类型。
4. 表达式类型。
5. 复制公式中的相对引用、绝对引用、混合引用。
6. 自动求和工具。

任务内容

公式是 Excel 的重要组成部分，它是工作表中对数据进行分析和计算的等式，可以对单元格中的数据进行逻辑和算术运算，熟练掌握公式可以帮助用户解决各个计算问题。

1. 打开原始文件：Excel 实例 \ 学生成绩登记册 .xlsx 工作簿。

2. 计算计算机综合成绩：进入“18 计算机学生计算机科学成绩登记册”工作表，公式计算计算机综合成绩。

3. 计算数学综合成绩：进入“18 计算机学生计算机科学成绩登记册”工作表，公式计算数学综合成绩。

4. 计算网络综合成绩：进入“18 计算机学生计算机科学成绩登记册”工作表，公式计算网络综合成绩。

5. 计算英语综合成绩：进入“18 计算机学生计算机科学成绩登记册”工作表，公式计算英语综合成绩。

6. 在成绩汇总登记表中输入成绩。利用以上各表计算出来的综合成绩分别输入“18 计算机学生计算机科学成绩登记册”工作表的计算机综合成绩、数学综合成绩、网络综合成绩、英语综合成绩中去。

7. 计算总分、平均分。利用求和工具计算“18 计算机学生计算机科学成绩登记册”工作表的总分、平均分。

任务步骤

1. 打开原始文件：Excel 实例 \ 任务三 \ 学生成绩登记册 .xlsx。

2. 计算计算机综合成绩。进入“18 计算机学生计算机成绩登记册”工作表，选中 J7 单元格输入“=F7*20%+G7*30%+H7*40%+I7*10%”，如图 3-27 所示，再次选中 J7 单元格按复制柄向下复制到 J29 单元格，完成后如图 3-28 所示。

18计算机成绩登记册

2017-2018第一学期

院系/部：计算机系　　行政班级：18计算机　　学生人数：23

课程：[060301]计算机基础　　学分：2.0　　课程类别：公共课/必修　　考核方式：考试

综合成绩（百分制）=平时成绩（20%）+期中成绩（30%）+期末成绩（40%）+技能成绩（10%）

序号	学号	姓名	性别	修读性质	平时成绩成绩	期中成绩	期末成绩	技能成绩	综合总分	备注
1	16000530	王洋洋	男	必修	86	84	90	78	=F7*20%+G7*30%+H7*40%+I7*10%	
2	16000531	姚顺	男	必修	93	89	87	80		
3	16000532	魏军帅	男	必修	65	75	82	90		
4	16000533	姚川	男	必修	90	90	84	75		
5	16000534	魏海婉	女	必修	85	88	87	86		
6	16000535	高少静	女	必修	48	60	75	73		
7	16000536	宁波	女	必修	75	80	76	83		
8	16000537	宋飞星	女	必修	86	85	90	80		
9	16000538	张微微	男	必修	55	65	70	79		
10	16000539	高飞	女	必修	76	88	65	65		
11	16000540	陈莹	女	必修	79	85	81	84		
12	16000541	宋艳秋	女	必修	90	86	83	91		
13	16000542	陈鹏	男	必修	67	83	77	88		
14	16000543	关利	男	必修	86	84	84	76		
15	16000544	赵锐	男	必修	55	63	68	74		
16	16000545	张磊	男	必修	76	78	85	82		
17	16000546	江涛	男	必修	79	86	63	77		
18	16000547	陈晓华	女	必修	90	84	78	81		
19	16000548	李小林	女	必修	67	76	79	87		
20	16000549	成军	女	必修	88	91	82	90		
21	16000550	王军	女	必修	86	93	83	79		
22	16000551	王天	男	必修	78	84	80	89		
23	16000552	王征	男	必修	92	93	81	86		

图 3-27　计算机成绩登记册综合成绩输入

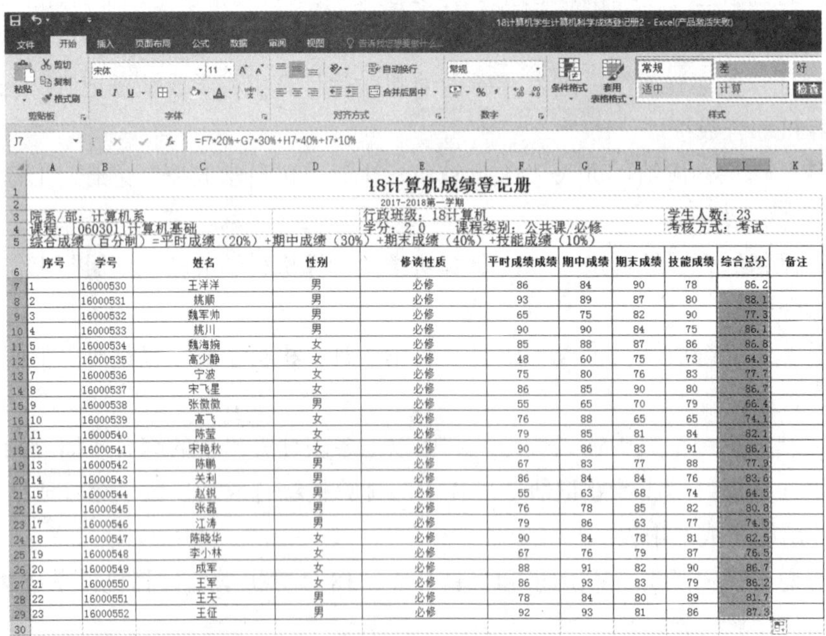

18计算机成绩登记册

2017-2018第一学期

院系/部：计算机系　　行政班级：18计算机　　学生人数：23

课程：[060301]计算机基础　　学分：2.0　　课程类别：公共课/必修　　考核方式：考试

综合成绩（百分制）=平时成绩（20%）+期中成绩（30%）+期末成绩（40%）+技能成绩（10%）

序号	学号	姓名	性别	修读性质	平时成绩成绩	期中成绩	期末成绩	技能成绩	综合总分	备注
1	16000530	王洋洋	男	必修	86	84	90	78	86.2	
2	16000531	姚顺	男	必修	93	89	87	80	88.1	
3	16000532	魏军帅	男	必修	65	75	82	90	77.3	
4	16000533	姚川	男	必修	90	90	84	75	86.1	
5	16000534	魏海婉	女	必修	85	88	87	86	86.8	
6	16000535	高少静	女	必修	48	60	75	73	64.9	
7	16000536	宁波	女	必修	75	80	76	83	77.7	
8	16000537	宋飞星	女	必修	86	85	90	80	86.7	
9	16000538	张微微	男	必修	55	65	70	79	66.4	
10	16000539	高飞	女	必修	76	88	65	65	74.1	
11	16000540	陈莹	女	必修	79	85	81	84	82.1	
12	16000541	宋艳秋	女	必修	90	86	83	91	86.1	
13	16000542	陈鹏	男	必修	67	83	77	88	77.9	
14	16000543	关利	男	必修	86	84	84	76	83.6	
15	16000544	赵锐	男	必修	55	63	68	74	64.5	
16	16000545	张磊	男	必修	76	78	85	82	80.8	
17	16000546	江涛	男	必修	79	86	63	77	74.5	
18	16000547	陈晓华	女	必修	90	84	78	81	82.5	
19	16000548	李小林	女	必修	67	76	79	87	76.5	
20	16000549	成军	女	必修	88	91	82	90	86.7	
21	16000550	王军	女	必修	86	93	83	79	86.2	
22	16000551	王天	男	必修	78	84	80	89	81.7	
23	16000552	王征	男	必修	92	93	81	86	87.3	

图 3-28　计算机成绩登记册

3. 计算数学综合成绩。进入“18 计算机学生计算机数学成绩登记册”工作表，选中 J7 单元格输入“=F7*20%+G7*30%+H7*40%+I7*10%”，再次选中 J7 单元格按复制柄向下复制到 J29 单元格，完成后如图 3-29 所示。

18计算机数学成绩登记册

2017-2018第一学期

院系/部：计算机系　　行政班级：18计算机　　学生人数：23

课程：[060303]应用数学　　学分：2.0　课程类别：公共课/必修　　考核方式：考试

综合成绩（百分制）=平时成绩（20%）+期中成绩（30%）+期末成绩（40%）+技能成绩（10%）

序号	学号	姓名	性别	修读性质	平时成绩	期中成绩	期末成绩	技能成绩	综合总分	备注
1	16000530	王洋洋	男	必修	70	75	80	79	76.4	
2	16000531	姚顺	男	必修	70	89	87	63	81.8	
3	16000532	魏军帅	男	必修	90	83	87	90	86.7	
4	16000533	姚川	男	必修	88	87	85	90	86.7	
5	16000534	魏海婉	女	必修	85	88	87	86	86.8	
6	16000535	高少静	女	必修	48	60	75	73	64.9	
7	16000536	宁波	女	必修	75	58	65	79	66.3	
8	16000537	宋飞星	女	必修	86	88	90	80	87.6	
9	16000538	张微微	男	必修	55	65	70	79	66.4	
10	16000539	高飞	女	必修	76	88	65	59	73.5	
11	16000540	陈莹	女	必修	79	85	81	84	82.1	
12	16000541	宋艳秋	女	必修	90	86	83	91	86.1	
13	16000542	陈鹏	男	必修	67	83	77	55	74.6	
14	16000543	关利	男	必修	86	84	84	76	83.6	
15	16000544	赵锐	男	必修	55	63	68	74	64.5	
16	16000545	张磊	男	必修	76	78	85	82	80.8	
17	16000546	江涛	男	必修	79	86	63	77	74.5	
18	16000547	陈晓华	女	必修	90	84	78	81	82.5	
19	16000548	李小林	女	必修	67	76	59	87	68.5	
20	16000549	成军	女	必修	88	91	82	90	86.7	
21	16000550	王军	女	必修	86	93	83	79	86.2	
22	16000551	王天	男	必修	78	84	80	89	81.7	
23	16000552	王征	男	必修	97	95	81	82	88.5	

登分人：　签字：　审核人：　审核日期：

图 3–29　计算机数学成绩登记册

4. 计算网络综合成绩。进入“18 计算机学生计算机科学成绩登记册”工作表，选中 J7 单元格输入“=F7*20%+G7*30%+H7*40%+I7*10%”，再次选中 J7 单元格按复制柄向下复制到 J29 单元格，完成后如图 3–30 所示。

J7　=F7*20%+G7*30%+H7*40%+I7*10%

18计算机网络成绩登记册

2017-2018第一学期

院系/部：计算机系　　行政班级：18计算机　　学生人数：23

课程：[060304]计算机网络　　学分：2.0　课程类别：公共课/必修　　考核方式：考试

综合成绩（百分制）=平时成绩（20%）+期中成绩（30%）+期末成绩（40%）+技能成绩（10%）

序号	学号	姓名	性别	修读性质	平时成绩	期中成绩	期末成绩	技能成绩	综合总分	备注
1	16000530	王洋洋	男	必修	88	86	80	90	84.4	
2	16000531	姚顺	男	必修	82	78	69	77	75.1	
3	16000532	魏军帅	男	必修	93	95	88	95	91.8	
4	16000533	姚川	男	必修	86	89	90	85	88.4	
5	16000534	魏海婉	女	必修	87	89	88	90	88.3	
6	16000535	高少静	女	必修	75	77	59	66	68.3	
7	16000536	宁波	女	必修	75	69	70	71	70.8	
8	16000537	宋飞星	女	必修	71	80	88	83	81.7	
9	16000538	张微微	男	必修	76	65	67	66	68.1	
10	16000539	高飞	女	必修	76	88	65	59	73.5	
11	16000540	陈莹	女	必修	79	60	76	84	72.6	
12	16000541	宋艳秋	女	必修	93	86	87	91	88.3	
13	16000542	陈鹏	男	必修	67	57	70	60	64.5	
14	16000543	关利	男	必修	50	70	70	76	66.6	
15	16000544	赵锐	男	必修	60	63	68	56	63.7	
16	16000545	张磊	男	必修	76	78	85	82	80.8	
17	16000546	江涛	男	必修	79	86	63	77	74.5	
18	16000547	陈晓华	女	必修	90	84	78	81	82.5	
19	16000548	李小林	女	必修	67	76	59	87	68.5	
20	16000549	成军	女	必修	88	91	82	90	86.7	
21	16000550	王军	女	必修	86	93	83	79	86.2	
22	16000551	王天	男	必修	78	84	80	89	81.7	
23	16000552	王征	男	必修	95	90	88	87	89.9	

登分人：　签字：　审核人：　审核日期：

图 3–30　网络综合成绩登记册

5. 计算英语综合成绩。进入“18 计算机英语成绩登记册”工作表，选中 J7 单元格输入“=F7*20%+G7*30%+H7*40%+I7*10%”，再次选中 J7 单元格按复制柄向下复制到 J26 单元格，完成后如图 3–31 所示。

J7 =F7*20%+G7*30%+H7*40%+I7*10%

18计算机英语成绩登记册

2017-2018第一学期

院系/部：计算机系　行政班级：18计算机　学生人数：23

课程：[060302]英语　学分：2.0　课程类别：公共课/必修　考核方式：考试

综合成绩（百分制）=平时成绩（20%）+期中成绩（30%）+期末成绩（40%）+技能成绩（10%）

序号	学号	姓名	性别	修读性质	平时成绩	期中成绩	期末成绩	技能成绩	综合总分	备注
1	16000530	王洋洋	男	必修	88	91	82	90	86.7	
2	16000531	姚顺	男	必修	86	93	83	79	86.2	
3	16000532	魏军帅	男	必修	78	84	80	89	81.7	
4	16000533	姚川	男	必修	71	80	88	83	81.7	
5	16000534	魏海婉	女	必修	76	65	67	66	68.1	
6	16000535	高少静	女	必修	76	88	65	59	73.5	
7	16000536	宁波	女	必修	79	60	76	84	72.6	
8	16000537	宋飞星	女	必修	93	86	87	91	88.3	
9	16000538	张微微	男	必修	67	57	70	60	64.5	
10	16000539	高飞	女	必修	50	70	70	76	66.6	
11	16000540	陈莹	女	必修	60	63	68	56	63.7	
12	16000541	宋艳秋	女	必修	79	86	63	77	74.5	
13	16000542	陈鹏	男	必修	90	84	78	81	82.5	
14	16000543	关利	男	必修	67	76	59	87	68.5	
15	16000544	赵锐	男	必修	88	91	82	90	86.7	
16	16000545	张磊	男	必修	76	78	85	82	80.8	
17	16000546	江涛	男	必修	76	88	65	59	73.5	
18	16000547	陈晓华	女	必修	79	60	76	84	72.6	
19	16000548	李小林	女	必修	93	86	87	91	88.3	
20	16000549	成军	女	必修	67	57	70	60	64.5	
21	16000550	王军	女	必修	86	93	83	79	86.2	
22	16000551	王天	男	必修	78	84	80	89	81.7	
23	16000552	王征	男	必修	88	86	85	80	85.4	

登分人：　签字：　审核人：　审核日期：

图 3–31　英语成绩登记册

6. 在成绩汇总登记表中输入成绩。进入“18 计算机成绩汇总登记册”工作表，选中 F5 单元格输入“=18 计算机计算机成绩登记册！ J7”，如图 3–32 所示，再次选中 F7 单元格按复制柄向下复制到 F27 单元格。选中 G5 单元格输入“=18 计算机数学成绩登记册！ J7”并向下复制到 G27 单元格，选中 H5 单元格输入“=18 计算机网络成绩登记册！ J7”并向下复制到 H27 单元格，选中 I5 单元格输入“=18 计算机英语成绩登记册！ J7”并向下复制到 I27 单元格，完成后如图 3–33 所示。

F5 = '[18计算机计算机成绩登记册]18计算机科学成绩登记册'!J7

18计算机成绩登记册

2017-2018第一学期

院系/部：计算机系　行政班级：18计算机　学生人数：23

序号	学号	姓名	性别	修读性质	计算机成绩	数学成绩	网络成绩	英语成绩	总分	平均分	奖学金
1	16000530	王洋洋	男	必修	86.2						
2	16000531	姚顺	男	必修							
3	16000532	魏军帅	男	必修							
4	16000533	姚川	男	必修							
5	16000534	魏海婉	女	必修							
6	16000535	高少静	女	必修							
7	16000536	宁波	女	必修							
8	16000537	宋飞星	女	必修							
9	16000538	张微微	男	必修							
10	16000539	高飞	女	必修							
11	16000540	陈莹	女	必修							
12	16000541	宋艳秋	女	必修							
13	16000542	陈鹏	男	必修							
14	16000543	关利	男	必修							
15	16000544	赵锐	男	必修							
16	16000545	张磊	男	必修							
17	16000546	江涛	男	必修							
18	16000547	陈晓华	女	必修							
19	16000548	李小林	女	必修							
20	16000549	成军	女	必修							
21	16000550	王军	女	必修							
22	16000551	王天	男	必修							
23	16000552	王征	男	必修							

登分人：　签字：　审核人：　审核日期：

图 3–32　成绩汇总登记册计算机成绩输入

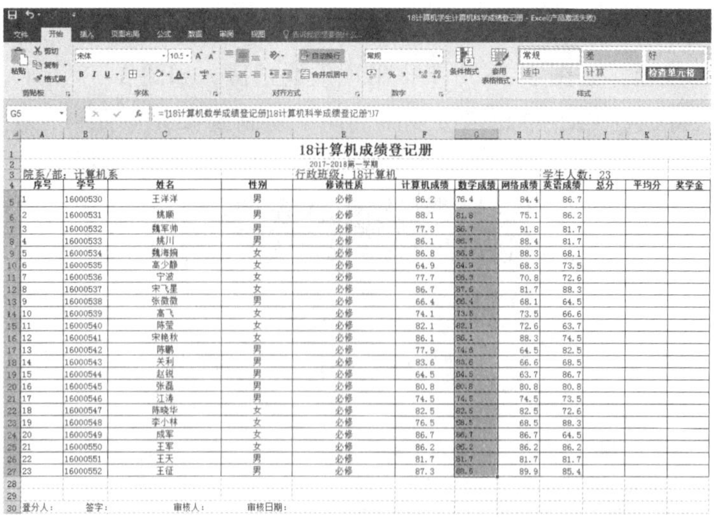

图 3–33　成绩汇总登记册成绩输入完成

7. 计算总分、平均分。

（1）计算总分。单击 J5 单元格，在“开始”功能区内单击Σ -按钮，出现虚线选区，如图 3–34 所示，选择 F5:I5 按 Enter 键确定。再次选中 J5 单元格按复制柄向下复制到 J27 单元格，完成后如图 3–35 所示。

图 3–34　成绩汇总登记册总分计算公式

图 3–35　成绩汇总登记册总分计算完成

（2）平均分计算。单击 K5 单元格，在“开始”功能区内单击Σ·旁边的下三角按钮，选择“平均值”选项，如图 3–36 所示，出现虚线选区，如图 3–37 所示，选择 F5:I5 按 Enter 键确定。再次选中 K5 单元格按复制柄向下复制到 K27 单元格，完成后如图 3–38 所示。

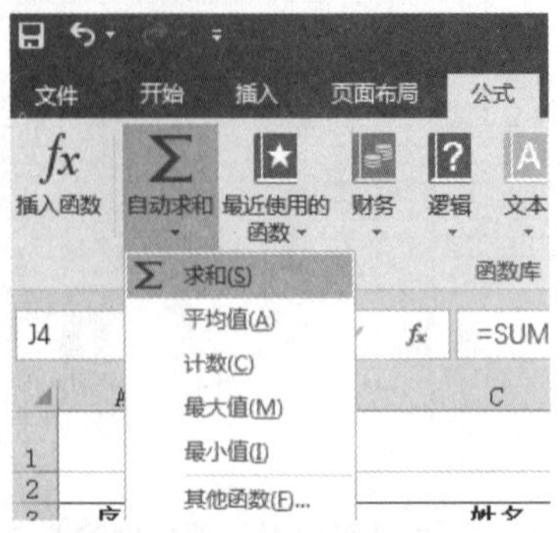

图 3–36 自动求和工具

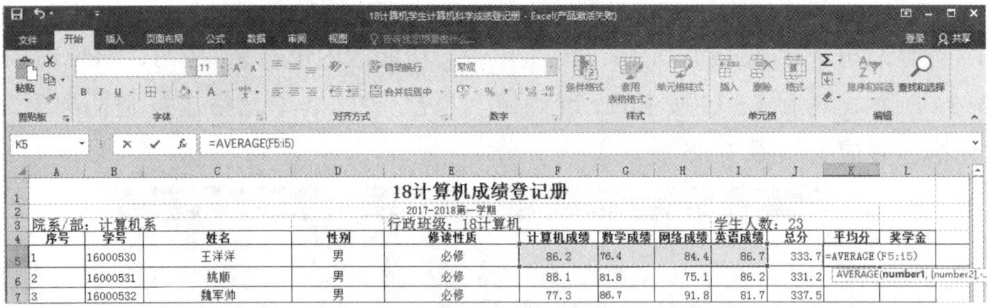

K5 =AVERAGE(F5:I5)

18计算机成绩登记册

2017-2018第一学期

院系/部：计算机系　行政班级：18计算机　学生人数：23

序号	学号	姓名	性别	修读性质	计算机成绩	数学成绩	网络成绩	英语成绩	总分	平均分	奖学金
1	16000530	王洋洋	男	必修	86.2	76.4	84.4	86.7	333.7	=AVERAGE(F5:I5)	
2	16000531	姚顺	男	必修	88.1	81.8	75.1	86.2	331.2	AVERAGE(number1, [number2],…	
3	16000532	魏军帅	男	必修	77.3	86.7	91.8	81.7	337.5		

图 3–37 成绩汇总登记册平均分计算公式

K5 =AVERAGE(F5:I5)

18计算机成绩登记册

2017-2018第一学期

院系/部：计算机系　行政班级：18计算机　学生人数：23

序号	学号	姓名	性别	修读性质	计算机成绩	数学成绩	网络成绩	英语成绩	总分	平均分	奖学金
1	16000530	王洋洋	男	必修	86.2	76.4	84.4	86.7	333.7	83.425	
2	16000531	姚顺	男	必修	88.1	81.8	75.1	86.2	331.2	82.8	
3	16000532	魏军帅	男	必修	77.3	86.7	91.8	81.7	337.5	84.375	
4	16000533	姚川	男	必修	86.1	86.7	88.4	81.7	342.9	85.725	
5	16000534	魏海婉	女	必修	86.8	86.8	88.3	68.1	330	82.5	
6	16000535	高少静	女	必修	64.9	64.9	68.3	73.5	271.6	67.9	
7	16000536	宁波	女	必修	77.7	66.3	70.8	72.6	287.4	71.85	
8	16000537	宋飞星	女	必修	86.7	87.6	81.7	88.3	344.3	86.075	
9	16000538	张微微	男	必修	66.4	66.4	68.1	64.5	265.4	66.35	
10	16000539	高飞	女	必修	74.1	73.5	73.5	66.6	287.7	71.925	
11	16000540	陈莹	女	必修	82.1	82.1	72.6	63.7	300.5	75.125	
12	16000541	宋艳秋	女	必修	86.1	86.1	88.3	74.5	335	83.75	
13	16000542	陈鹏	男	必修	77.9	74.6	64.5	82.5	299.5	74.875	
14	16000543	关利	男	必修	83.6	83.6	66.6	68.5	302.3	75.575	
15	16000544	赵锐	男	必修	64.5	64.5	63.7	86.7	279.4	69.85	
16	16000545	张磊	男	必修	80.8	80.8	80.8	80.8	323.2	80.8	
17	16000546	江涛	男	必修	74.5	74.5	74.5	73.5	297	74.25	
18	16000547	陈晓华	女	必修	82.5	82.5	82.5	72.6	320.1	80.025	
19	16000548	李小林	女	必修	76.5	68.5	68.5	88.3	301.8	75.45	
20	16000549	成军	女	必修	86.7	86.7	86.7	64.5	324.6	81.15	
21	16000550	王军	女	必修	86.2	86.2	86.2	86.2	344.8	86.2	
22	16000551	王天	男	必修	81.7	81.7	81.7	81.7	326.8	81.7	
23	16000552	王征	男	必修	87.3	88.5	89.9	85.4	351.1	87.775	

登分人：　签字：　审核人：　审核日期：

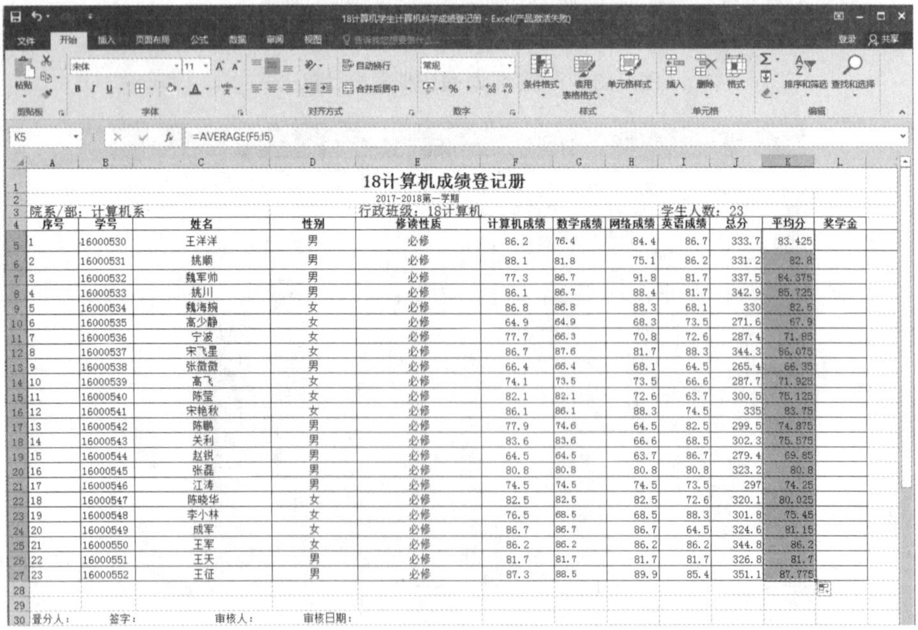

图 3–38 成绩汇总登记册平均分计算完成

知识拓展

Excel 2013 公式简介

在单元格中输入“=”表示进入公式编辑状态。

在 Excel 的公式中，可以使用运算符、单元格引用、值或常量、函数等几种元素。运算符是对公式中的元素进行特定类型的计算，一个运算符就是一个符号，如 +、–、*、/ 等。

1. 常数类型

（1）数值型。直接输入数字，如“=29”。

（2）字符型。加引号表示字符型数据，如“=”“abc”表示字符中“abc”，如果不加引号被认为是变量 abc。

（3）逻辑型。逻辑型常数只有两个，分别为逻辑真和逻辑假，表示为 TRUE 和 FALSE。

2. 运算符和运算符优先级

（1）算术运算符。算术运算符是用来进行基本的数学运算的，如 +、–、*、/、=、% 等。

（2）比较运算符。比较运算符一般用在条件运算中，用于对两个数值进行比较，其计算结果为逻辑值，当结果为真时返回 TRUE，否则返回 FALSE。运算符号包括 =、>、>=、<、<=、<>。

（3）连接运算符。使用连接符号“&”连接一个或多个文本字符串形成一串文本。例如，需要将“FBHSJD”和“销售明细表”两个字符串连接在一起，那么输入公式应为“=FBHSJD&– 销售明细表”。

（4）引用运算符。引用运算符用来表示单元格在工作表中位置的坐标集，为计算公式指明引用的位置。包括“:”“,”“:”。

（5）运算符的优先级如表 3–1 所示。

表 3–1　运算符的优先级

优先级	运算符号	运算符名称	优先级	运算符号	运算符名称
1	:	冒号	6	+ 和 -	加号和减号
1		单个空格	7	&	连接符号
1	,	逗号	8	=	等于
2	-	负号	8	< 和 >	小于和大于
3	%	百分比	8	<>	不等于
4	^	乘幂	8	<=	小于等于
5	× 和 ÷	乘号和除号	8	>=	大于等于

3. 输入公式

在 Excel 工作表中输入的公式都以“=”开始的，在输入“=”后，再输入单元格地址和运算符。输入公式的方法非常简单，与输入数据一样，可以在单元格中直接输入，也可以在编辑栏中进行编辑。

打开原始文件：Excel 实例 \ 销售情况表 . xlsx。

方法一：在单元格中直接输入公式。

（1）选择 D3 单元格，在其中输入“=”，再单击需要参与运算的单元格，如 B3，输入“*”运算符，然后单击 C3 单元格，即可完成如图 3–39 所示公式的编辑，该公式表示“总销售额 = 单价 × 数量”。

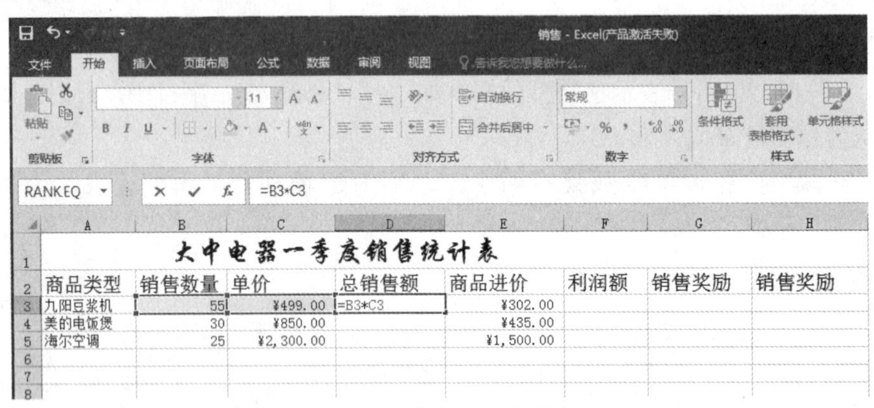

图 3–39　在单元格中编辑公式

（2）按 Enter 键，则计算出结果。

（3）利用数据填充柄，向下填充完成所有总销售额。

方法二：通过编辑栏输入公式。

选择目标结果单元格，在编辑栏中输入正确的公式“B3*C3”，然后单击编辑栏左侧的“输入”按钮✓，或者按 Enter 键，即可得到计算的结果。

任务 4　使用函数计算“学生成绩登记册”工作簿

任务目的

1. 熟悉函数的表示。
2. 熟悉函数的值。
3. 掌握函数的参数。
4. 掌握函数的输入。
5. 掌握函数的嵌套。

6. 了解错误提示类型。

任务内容

函数是 Excel 中最强大的数据处理工具，它实际上是 Excel 中预定义的公式，使用它可以将一些称为参数的特定数字按照指定的顺序或结构执行计算。典型的函数一般有一个或多个参数，并能够返回一个结果。复杂的函数运算存在一个嵌套的变化，正是这些复杂的函数可以完成一般公式无法完成的任务。

1. 打开原始文件：Excel 实例 \ 学生成绩登记册 .xlsx，切换到“18 计算机成绩汇总登记册”工作表。

2. 计算“名次”字段。使用函数计算“名次”字段。

3. 填充“奖学金”字段。使用 IF 函数填充“奖学金”字段。

4. 计算“优秀人数”和“不及格成绩人数”字段。利用 COUNTIF 函数计算成绩分析表中的“优秀人数”字段和“不及格成绩人数”字段。

5. 计算“良好人数”字段。利用公式中添加 COUNTIF 函数计算“良好人数”字段。

6. 计算“中等人数”和“及格成绩人数”字段。利用 COUNTIFS 函数计算“中等人数”字段和“及格成绩人数”字段。

7. 计算“优秀率”和“不及格率”字段。利用 COUNT 函数计算“优秀率”字段和“不及格率”字段。

任务步骤

1. 打开原始文件：Excel 实例 \ 学生成绩登记册 . xlsx，切换到“18 计算机成绩汇总登记册”工作表。

2. 计算“名次”字段。选中 L7 单元格，选择“公式”选项卡，选择“其他函数”中的“统计”选项，如图 3–40 所示，选择 RANK.EQ 函数，弹出“函数参数”对话框，如图 3–41 所示，在 Number 文本框中输入 K5，在 Ref 文本框中输入“K$5:K$27”，然后单击“确定”按钮。K5 单元格显示为 7，而编辑栏中显示的却是“=RANK.EQ（K5，K$5:K$27）”。再次选择 K5 单元格利用复制柄向下复制到 K27 单元格。

3. 计算“奖学金”字段。需要按成绩排名在奖学金字段中输入一个“一等奖学金”，两个“二等奖学金”，4 个“三等奖学金”。选择 M5 单元格，输入“=IF（L5<2，”一等奖学金”，IF（L5<3，”二等奖学金”，IF（L5<8，”三等奖学金”，””）））”，此时 M5 单元格将显示为空，复制 M5 单元格到 M27 单元格，此时 M5 等单元格显示了“一等奖学金”等。但是列宽不够，选择 M 列，在“开始”功能区中选择“格式”下“自动调整列宽”选项，如图 3–42 所示。

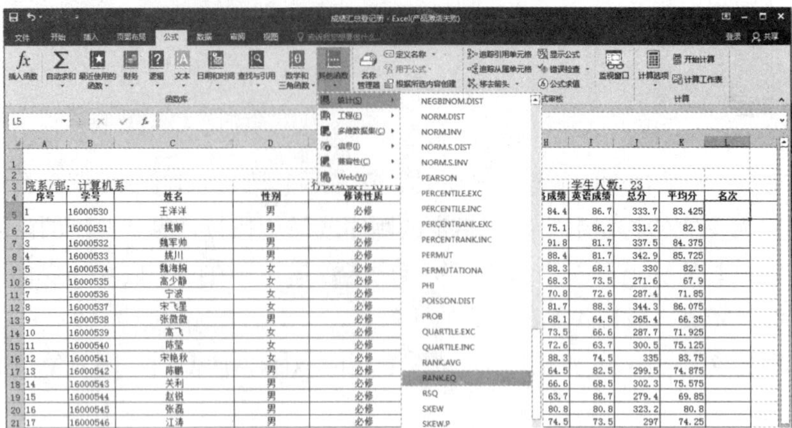

图 3-40　RANK.EQ 函数的选择位置

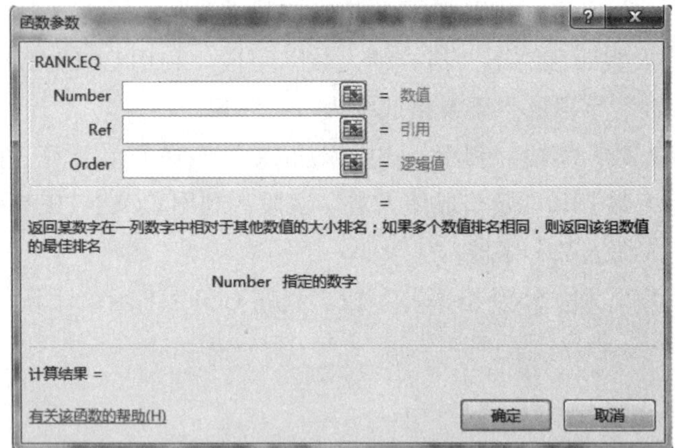

图 3-41　RANK.EQ 函数参数

18计算机成绩汇总登记册

2017-2018第一学期

计算机系　　行政班级：18计算机　　学生人数：23

学号	姓名	性别	修读性质	计算机成绩	数学成绩	网络成绩	英语成绩	总分	平均分	名次	奖学金
16000530	王洋洋	男	必修	86.2	76.4	84.4	86.7	333.7	83.425	7	三等奖学金
16000531	姚顺	男	必修	88.1	81.8	75.1	86.2	331.2	82.8	8	
16000532	魏军帅	男	必修	77.3	86.7	91.8	81.7	337.5	84.375	5	三等奖学金
16000533	姚川	男	必修	86.1	86.7	88.4	81.7	342.9	85.725	4	三等奖学金
16000534	魏海婉	女	必修	86.8	86.8	88.3	68.1	330	82.5	9	
16000535	高少静	女	必修	64.9	64.9	68.3	73.5	271.6	67.9	22	
16000536	宁波	女	必修	77.7	66.3	70.8	72.6	287.4	71.85	20	
16000537	宋飞星	女	必修	86.7	87.6	81.7	88.3	344.3	86.075	3	三等奖学金
16000538	张微微	男	必修	66.4	66.4	68.1	64.5	265.4	66.35	23	
16000539	高飞	女	必修	74.1	73.5	73.5	66.6	287.7	71.925	19	
16000540	陈莹	女	必修	82.1	82.1	72.6	63.7	300.5	75.125	16	
16000541	宋艳秋	女	必修	86.1	86.1	88.3	74.5	335	83.75	6	三等奖学金
16000542	陈鹏	男	必修	77.9	74.6	64.5	82.5	299.5	74.875	17	
16000543	关利	男	必修	83.6	83.6	66.6	68.5	302.3	75.575	14	
16000544	赵锐	男	必修	64.5	64.5	63.7	86.7	279.4	69.85	21	
16000545	张磊	男	必修	80.8	80.8	80.8	80.8	323.2	80.8	12	
16000546	江涛	男	必修	74.5	74.5	74.5	73.5	297	74.25	18	
16000547	陈晓华	女	必修	82.5	82.5	82.5	72.6	320.1	80.025	13	
16000548	李小林	女	必修	76.5	68.5	68.5	88.3	301.8	75.45	15	
16000549	成军	女	必修	86.7	86.7	86.7	64.5	324.6	81.15	11	
16000550	王军	女	必修	86.2	86.2	86.2	86.2	344.8	86.2	2	二等奖学金
16000551	王天	男	必修	81.7	81.7	81.7	81.7	326.8	81.7	10	
16000552	王征	男	必修	87.3	88.5	89.9	85.4	351.1	87.775	1	一等奖学金

签字：　　审核人：　　审核日期：

图 3-42　“奖学金”字段计算后结果

4. 计算“优秀人数”和“不及格成绩人数”字段。

（1）计算“优秀人数”字段。选中 F34 单元格，输入公式“=COUNTIF（F5:F27，”>=90”）”，按 Enter 键，向右复制公式至 I34 单元格完成计算，结果如图 3–43 所示。

图 3–43 “优秀人数”字段计算结果

（2）计算“不及格成绩人数”字段。选中 F38 单元格，输入公式“=COUNTIF（F5:F27，”<60”）”，按 Enter 键，向右复制公式到 I38 单元格完成计算，结果如图 3–44 所示。

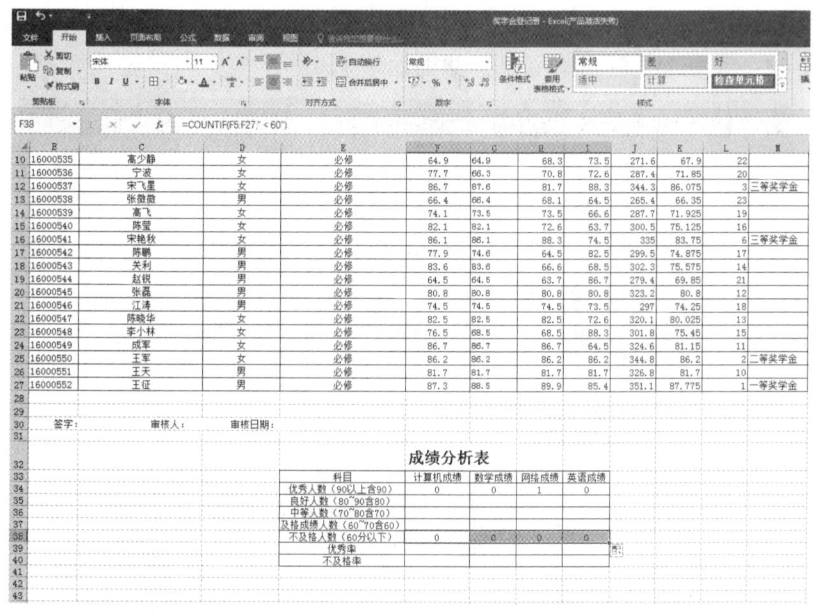

图 3–44 “不及格成绩人数”字段计算结果

5. 计算“良好人数”字段。选中F35单元格，输入公式“=COUNTIF(F5:F27,”>=80”)–COUNTIF(F5:F27,”>=90”)”后按Enter键，向右复制公式至I35单元格完成计算，结果如图3–45所示。

F35 =COUNTIF(F5:F27,">=80")-COUNTIF(F5:F27,">=90")

	B	C	D	E	F	G	H	I	J	K	L	M
10	16000535	高少静	女	必修	64.9	64.9	68.3	73.5	271.6	67.9	22	
11	16000536	宁波	女	必修	77.7	66.3	70.8	72.6	287.4	71.85	20	
12	16000537	宋飞星	女	必修	86.7	87.6	81.7	88.3	344.3	86.075	3	三等奖学金
13	16000538	张薇薇	男	必修	66.4	66.4	68.1	64.5	265.4	66.35	23	
14	16000539	高飞	女	必修	74.1	73.5	73.5	66.6	287.7	71.925	19	
15	16000540	陈莹	女	必修	82.1	82.1	72.6	63.7	300.5	75.125	16	
16	16000541	宋艳秋	女	必修	86.1	86.1	88.3	74.5	335	83.75	6	三等奖学金
17	16000542	陈鹏	男	必修	77.9	74.6	64.5	82.5	299.5	74.875	17	
18	16000543	关利	男	必修	83.6	83.6	66.6	68.5	302.3	75.575	14	
19	16000544	赵锐	男	必修	64.5	64.5	63.7	86.7	279.4	69.85	21	
20	16000545	张磊	男	必修	80.8	80.8	80.8	80.8	323.2	80.8	12	
21	16000546	江涛	男	必修	74.5	74.5	74.5	73.5	297	74.25	18	
22	16000547	陈晓华	女	必修	82.5	82.5	82.5	72.6	320.1	80.025	13	
23	16000548	李小林	女	必修	76.5	68.5	68.5	88.3	301.8	75.45	15	
24	16000549	成军	女	必修	86.7	86.7	86.7	64.5	324.6	81.15	11	
25	16000550	王军	女	必修	86.2	86.2	86.2	86.2	344.8	86.2	2	二等奖学金
26	16000551	王天	男	必修	81.7	81.7	81.7	81.7	326.8	81.7	10	
27	16000552	王征	男	必修	87.3	88.5	89.9	85.4	351.1	87.775	1	一等奖学金

签字：　审核人：　审核日期：

成绩分析表

科目	计算机成绩	数学成绩	网络成绩	英语成绩
优秀人数（90以上含90）	0	0	1	0
良好人数（80~90含80）	14	14	11	12
中等人数（70~80含70）				
及格成绩人数（60~70含60）				
不及格人数（60分以下）	0	0	0	0
优秀率				
不及格率				

图3–45 “良好人数”字段计算结果

6. 计算“中等人数”和“及格成绩人数”字段。单击F36单元格，输入公式“=COUNTIFS(F5:F27,”<80”, F5:F27,”>=70”)”，按Enter键，复制公式到I36单元格位置。

单击F37单元格，输入公式“=COUNTIFS(F5:F27,”<70”, F5:F27,”>=60”)”，按Enter键，复制公式到I37单元格位置，结果如图3–46所示。

F36 =COUNTIFS(F5:F27,"<80",F5:F27,">=70")

	B	C	D	E	F	G	H	I	J	K	L	M
16	16000541	宋艳秋	女	必修	86.1	86.1	88.3	74.5	335	83.75	6	三等奖学金
17	16000542	陈鹏	男	必修	77.9	74.6	64.5	82.5	299.5	74.875	17	
18	16000543	关利	男	必修	83.6	83.6	66.6	68.5	302.3	75.575	14	
19	16000544	赵锐	男	必修	64.5	64.5	63.7	86.7	279.4	69.85	21	
20	16000545	张磊	男	必修	80.8	80.8	80.8	80.8	323.2	80.8	12	
21	16000546	江涛	男	必修	74.5	74.5	74.5	73.5	297	74.25	18	
22	16000547	陈晓华	女	必修	82.5	82.5	82.5	72.6	320.1	80.025	13	
23	16000548	李小林	女	必修	76.5	68.5	68.5	88.3	301.8	75.45	15	
24	16000549	成军	女	必修	86.7	86.7	86.7	64.5	324.6	81.15	11	
25	16000550	王军	女	必修	86.2	86.2	86.2	86.2	344.8	86.2	2	二等奖学金
26	16000551	王天	男	必修	81.7	81.7	81.7	81.7	326.8	81.7	10	
27	16000552	王征	男	必修	87.3	88.5	89.9	85.4	351.1	87.775	1	一等奖学金

签字：　审核人：　审核日期：

成绩分析表

科目	计算机成绩	数学成绩	网络成绩	英语成绩
优秀人数（90以上含90）	0	0	1	0
良好人数（80~90含80）	14	14	11	12
中等人数（70~80含70）	6	4	5	5
及格成绩人数（60~70含60）	3	5	6	6
不及格人数（60分以下）	0	0	0	0
优秀率				
不及格率				

图3–46 “中等人数”和“及格成绩人数”字段计算结果

7. 计算“优秀率”和“不及格率”字段。选中 F39 单元格，输入公式“=F34/COUNT（F5:F27）”，按 Enter 键。设置单元格中数字类型为百分比，并复制公式到 I39 单元格位置。

选中 F40 单元格，输入公式“=F38/COUNT（F5:F27）”，按 Enter 键。设置单元格中数字类型为百分比，并复制公式到 I40 单元格位置。完成后选择 E33:I40 单元格，设置外部框线为双线，恢复表格因复制被破坏的外部框线，结果如图 3–47 所示。

	B	C	D	E	F	G	H	I	J	K	L	M
16	16000541	宋艳秋	女	必修	86.1	86.1	88.3	74.5	335	83.75	6	三等奖学金
17	16000542	陈鹏	男	必修	77.9	74.6	64.5	82.5	299.5	74.875	17	
18	16000543	关利	男	必修	83.6	83.6	66.6	68.5	302.3	75.575	14	
19	16000544	赵锐	男	必修	64.5	64.5	63.7	86.7	279.4	69.85	21	
20	16000545	张磊	男	必修	80.8	80.8	80.8	80.8	323.2	80.8	12	
21	16000546	江涛	男	必修	74.5	74.5	74.5	73.5	297	74.25	18	
22	16000547	陈晓华	女	必修	82.5	82.5	82.5	72.6	320.1	80.025	13	
23	16000548	李小林	女	必修	76.5	68.5	68.5	88.3	301.8	75.45	15	
24	16000549	成军	女	必修	86.7	86.7	86.7	64.5	324.6	81.15	11	
25	16000550	王军	女	必修	86.2	86.2	86.2	86.2	344.8	86.2	2	二等奖学金
26	16000551	王天	男	必修	81.7	81.7	81.7	81.7	326.8	81.7	10	
27	16000552	王征	男	必修	87.3	88.5	89.9	85.4	351.1	87.775	1	一等奖学金

签字：　审核人：　审核日期：

成绩分析表

科目	计算机成绩	数学成绩	网络成绩	英语成绩
优秀人数（90以上含90）	0	0	1	0
良好人数（80~90含80）	14	14	11	12
中等人数（70~80含70）	6	4	5	5
及格成绩人数（60~70含60）	3	5	6	6
不及格人数（60分以下）	0	0	0	0
优秀率	0.00%	0.00%	4.35%	0.00%
不及格率	0	0	0	0

图 3–47　“18 计算机成绩汇总登记册”工作表完成后结果

知识拓展

Excel 函数应用基础

1. 函数的类型与结构

按使用函数计算应用的方面不同，Excel 将函数分为统计函数、财务函数、逻辑函数等 11 种类型。函数与公式一样，是以“=”开始的，其结构为“= 函数名称（参数）”。

函数的结构分为函数名和参数两部分，其结构表达式如下。

函数名（参数 1，参数 2，参数 3，…）

其中函数名为需要执行运算函数的名称。

参数为函数使用的单元格或者数值，它可以是数字、文本、数组、单元格区域的引用等。函数的参数中还可以包括其他函数，这就是函数的嵌套使用。

2. 插入函数

要想使用函数来计算数据，首先需要在结果单元格中插入函数，并设置该函数的参数。

打开原始文件：Excel 实例 \ 公司销售清单 . xlsx。

通过对话框插入函数的方法如下：

（1）选择 F4 单元格，切换到“公式”选项卡，在“函数库”组中单击“插入函数”按钮。弹出如图 3–48 所示的“插入函数”对话框。

图 3–48 “插入函数”对话框

（2）单击“或选择类别”下拉列表框右侧的下三角按钮，在展开的列表中选择所需要的类别，如选择“数学与三角函数”选项。

（3）在“选择函数”列表框中选择需要插入的函数，如 SUM 函数，再单击“确定”按钮，弹出“函数参数”对话框。在 Number1 文本框中显示了设置的参数，如输入“B4:E4”，即表示对 B4:E4 单元格区域进行求和。

（4）单击“确定”按钮返回工作表，可以看到目标单元格中显示了计算的结果，编辑栏中显示了计算的公式。

任务 5　数据分析“学生成绩登记册”工作簿

任务目的

1. 熟悉筛选数据。
2. 熟悉数据排序。
3. 掌握数据分类汇总。

任务内容

数据分析是 Excel 的一项重要功能，在本项目中学生成绩登记已经结束，接下来的任务就是生成补考人员名单和对学生成绩进行分析，利用到 Excel 中的排序、筛选、分类汇总、图表等功能。

1. 打开原始文件：Excel 实例 \ 学生成绩登记册 . xlsx。

2. 数据排序。将“18 计算机成绩分析”工作表中数据按性别排序，女生在前，男生在后；性别相同时，按总分由高到低进行排序。

3. 分类汇总。分析汇总“18 计算机成绩分析”工作表中男女生平均成绩对照。

任务步骤

1. 打开原始文件：Excel 实例 \ 学生成绩登记册 . xlsx。

2. 筛选补考名单。进入“18 计算机成绩登记册”工作表，选择 A7:I29 单元格，单击“开始”选项卡中的“排序和筛选”按钮，在下拉列表中选择“筛选”选项后如图 3–49 所示。单击“综合总分”J6 单元格内的下三角按钮，选择“数字筛选”选项，在弹出的下拉列表中选择“小于”选项，如图 3–50 所示。出现“自定义自动筛选方式”对话框，在“小于”文本框中输入 300，如图 3–51 所示。单击“确定”按钮，结果如图 3–52 所示。按此方式将“18 计算机数学成绩登记册”“18 计算机网络成绩登记册”“18 计算机英语成绩登记册”工作表按“综合成绩”小于 60 进行筛选。

18计算机成绩登记册

2017-2018第一学期

院系/部：计算机系　　行政班级：18计算机　　学生人数：20

课程：[060301]计算机科学　　学分：2.0　课程类别：公共课/必修　　考核方式：考试

综合成绩（百分制）=平时成绩（20%）+期中成绩（30%）+期末成绩（40%）+技能成绩（10%）

序号	学号	姓名	性别	修读性质	平时成绩	期中成绩	期末成绩	技能成绩	综合总分	备注
1	16000530	王洋洋	男	必修	86	84	90	78	86.2	
2	16000531	姚顺	男	必修	93	89	87	80	88.1	
3	16000532	魏军帅	男	必修	65	75	82	90	77.3	
4	16000533	姚川	男	必修	90	90	84	75	86.1	
5	16000534	魏海婉	女	必修	85	88	87	86	86.8	
6	16000535	高少静	女	必修	48	60	75	73	64.9	
7	16000536	宁波	女	必修	75	80	76	83	77.7	
8	16000537	宋飞星	女	必修	86	85	90	80	86.7	
9	16000538	张微微	男	必修	55	65	70	79	66.4	
10	16000539	高飞	女	必修	76	88	65	65	74.1	
11	16000540	陈莹	女	必修	79	85	81	84	82.1	
12	16000541	宋艳秋	女	必修	90	86	83	91	86.1	
13	16000542	陈鹏	男	必修	67	83	77	88	77.9	
14	16000543	关利	男	必修	86	84	84	76	83.6	
15	16000544	赵锐	男	必修	55	63	68	74	64.5	
16	16000545	张磊	男	必修	76	78	85	82	80.8	
17	16000546	江涛	男	必修	79	86	63	77	74.5	
18	16000547	陈晓华	女	必修	90	84	78	81	82.5	
19	16000548	李小林	女	必修	67	76	79	87	76.5	
20	16000549	成军	女	必修	88	91	82	90	86.7	
21	16000550	王军	女	必修	86	93	83	79	86.2	
22	16000551	王天	男	必修	78	84	80	89	81.7	
23	16000552	王征	男	必修	92	93	81	86	87.3	

图 3–49　排序和筛选

图 3-50 “数字筛选”选项

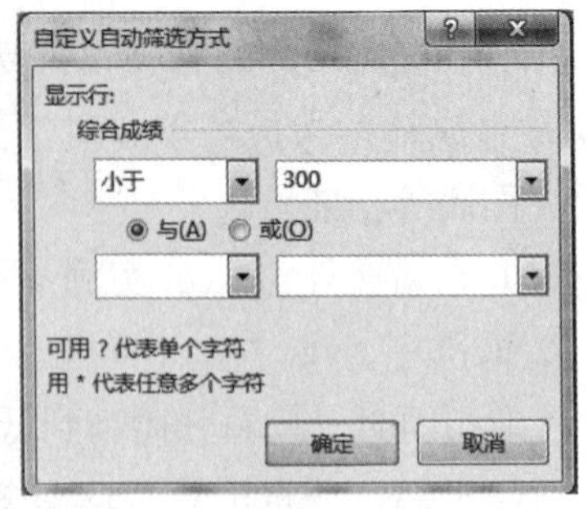

图 3-51 “自定义自动筛选方式”对话框

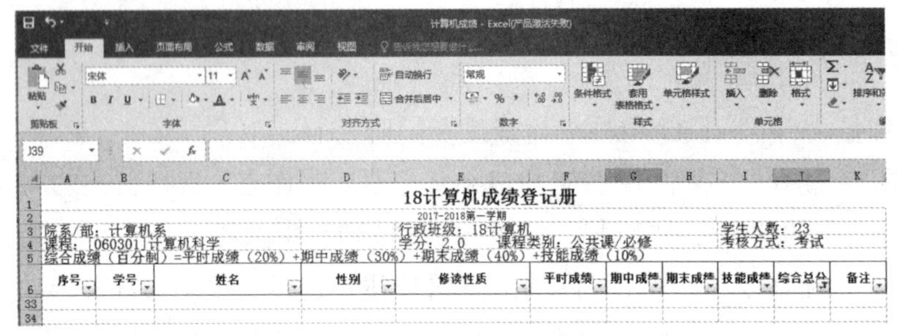

图 3-52 筛选结果

3. 数据排序。进入“18 计算机成绩汇总登记册”工作表，选择 A4:M27 单元格，单击“开始”功能区内“排序和筛选”区域的“排序”按钮，弹出“排序”对话框，如图 3-53 所示。“主要关键字”选择“性别”，次序为“降序”，单击“添加条件”按钮，出现“次要关键字”，选择“综合成绩”选项，次序也是“降序”，单击“确定”按钮完成排序，如图 3-54 所示。

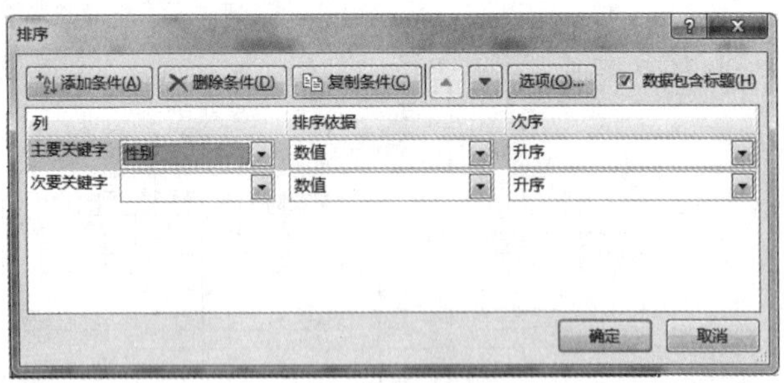

图 3-53 自定义排序

4. 分类汇总。进入“18 计算机成绩汇总登记册”工作表，选择 A4:M27 单元格，单击“数据”功能区下“分类汇总”按钮，弹出“分类汇总”对话框，如图 3-55 所示，“分类字段”选择“性别”选项，“汇总方式”选择“平均值”选项，“选定汇总项”中选中“计算机成绩”“数学成绩”“网络成绩”“英语成绩”复选框然后单击“确定”按钮完成分类汇总，如图 3-56 所示。

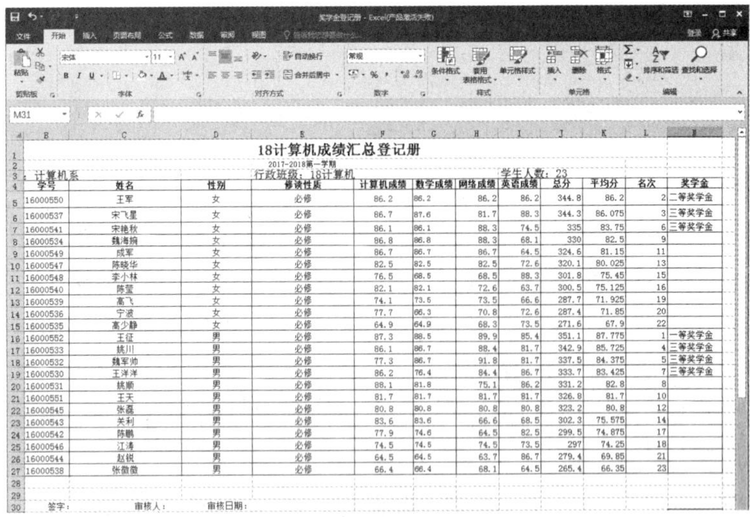

18计算机成绩汇总登记册

2017-2018第一学期

计算机系　行政班级：18计算机　学生人数：23

学号	姓名	性别	修读性质	计算机成绩	数学成绩	网络成绩	英语成绩	总分	平均分	名次	奖学金
16000550	王军	女	必修	86.2	86.2	86.2	86.2	344.8	86.2	2	二等奖学金
16000537	宋飞星	女	必修	86.7	87.6	81.7	88.3	344.3	86.075	3	三等奖学金
16000541	宋艳秋	女	必修	86.1	86.1	88.3	74.5	335	83.75	6	三等奖学金
16000534	魏海婉	女	必修	86.8	86.8	88.3	68.1	330	82.5	9	
16000549	成军	女	必修	86.7	86.7	86.7	64.5	324.6	81.15	11	
16000547	陈晓华	女	必修	82.5	82.5	82.5	72.6	320.1	80.025	13	
16000548	李小林	女	必修	76.5	68.5	68.5	88.3	301.8	75.45	15	
16000540	陈莹	女	必修	82.1	82.1	72.6	63.7	300.5	75.125	16	
16000539	高飞	女	必修	74.1	73.5	73.5	66.6	287.7	71.925	19	
16000536	宁波	女	必修	77.7	66.3	70.8	72.6	287.4	71.85	20	
16000535	高少静	女	必修	64.9	64.9	68.3	73.5	271.6	67.9	22	
16000552	王征	男	必修	87.3	88.5	89.9	85.4	351.1	87.775	1	一等奖学金
16000533	姚川	男	必修	86.1	86.7	88.4	81.7	342.9	85.725	4	三等奖学金
16000532	魏军帅	男	必修	77.3	86.7	91.8	81.7	337.5	84.375	5	三等奖学金
16000530	王洋洋	男	必修	86.2	76.4	84.4	86.7	333.7	83.425	7	三等奖学金
16000531	姚顺	男	必修	88.1	81.8	75.1	86.2	331.2	82.8	8	
16000551	王天	男	必修	81.7	81.7	81.7	81.7	326.8	81.7	10	
16000545	张磊	男	必修	80.8	80.8	80.8	80.8	323.2	80.8	12	
16000543	关利	男	必修	83.6	83.6	66.6	68.5	302.3	75.575	14	
16000542	陈鹏	男	必修	77.9	74.6	64.5	82.5	299.5	74.875	17	
16000546	江涛	男	必修	74.5	74.5	74.5	73.5	297	74.25	18	
16000544	赵锐	男	必修	64.5	64.5	63.7	86.7	279.4	69.85	21	
16000538	张微微	男	必修	66.4	66.4	68.1	64.5	265.4	66.35	23	

签字：　审核人：　审核日期：

图 3-54　完成自定义排序

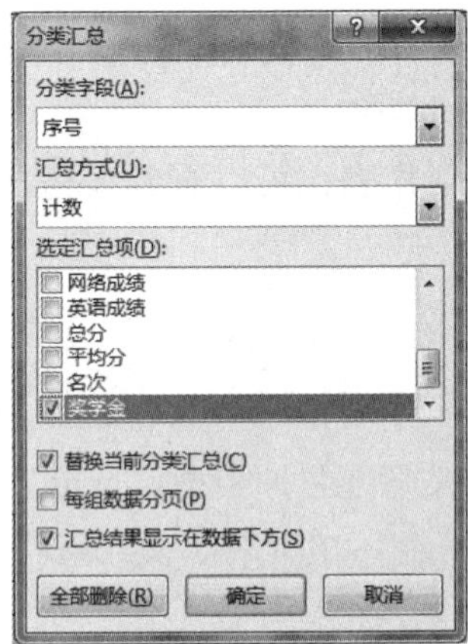

图 3-55　“分类汇总”对话框

18计算机成绩汇总登记册

2017-2018第一学期

院系/部：计算机系　行政班级：18计算机　学生人数：23

序号	学号	姓名	性别	修读性质	计算机成绩	数学成绩	网络成绩	英语成绩	总分	平均分	名次	奖学金
1	16000550	王军	女	必修	86.2	86.2	86.2	86.2	344.8	86.2	2	二等奖学金
2	16000537	宋飞星	女	必修	86.7	87.6	81.7	88.3	344.3	86.075	3	三等奖学金
3	16000541	宋艳秋	女	必修	86.1	86.1	88.3	74.5	335	83.75	6	三等奖学金
4	16000534	魏海婉	女	必修	86.8	86.8	88.3	68.1	330	82.5	9	
5	16000549	成军	女	必修	86.7	86.7	86.7	64.5	324.6	81.15	11	
6	16000547	陈晓华	女	必修	82.5	82.5	82.5	72.6	320.1	80.025	13	
7	16000548	李小林	女	必修	76.5	68.5	68.5	88.3	301.8	75.45	15	
8	16000540	陈莹	女	必修	82.1	82.1	72.6	63.7	300.5	75.125	16	
9	16000539	高飞	女	必修	74.1	73.5	73.5	66.6	287.7	71.925	19	
10	16000536	宁波	女	必修	77.7	66.3	70.8	72.6	287.4	71.85	20	
11	16000535	高少静	女	必修	64.9	64.9	68.3	73.5	271.6	67.9	22	
			女 平均值		80.93636364	79.2	78.85455	74.44545				
12	16000552	王征	男	必修	87.3	88.5	89.9	85.4	351.1	87.775	1	一等奖学金
13	16000533	姚川	男	必修	86.1	86.7	88.4	81.7	342.9	85.725	4	三等奖学金
14	16000532	魏军帅	男	必修	77.3	86.7	91.8	81.7	337.5	84.375	5	三等奖学金
15	16000530	王洋洋	男	必修	86.2	76.4	84.4	86.7	333.7	83.425	7	三等奖学金
16	16000531	姚顺	男	必修	88.1	81.8	75.1	86.2	331.2	82.8	8	
17	16000551	王天	男	必修	81.7	81.7	81.7	81.7	326.8	81.7	10	
18	16000545	张磊	男	必修	80.8	80.8	80.8	80.8	323.2	80.8	12	
19	16000543	关利	男	必修	83.6	83.6	66.6	68.5	302.3	75.575	14	
20	16000542	陈鹏	男	必修	77.9	74.6	64.5	82.5	299.5	74.875	17	
21	16000546	江涛	男	必修	74.5	74.5	74.5	73.5	297	74.25	18	
22	16000544	赵锐	男	必修	64.5	64.5	63.7	86.7	279.4	69.85	21	
23	16000538	张微微	男	必修	66.4	66.4	68.1	64.5	265.4	66.35	23	
			男 平均值		79.53333333	78.85	77.45833	79.99167				
			总计平均值		80.20434783	79.017391	78.12609	77.33913				

图 3-56　分类汇总结果

知识拓展

1. 数据排序

打开原始文件：Excel 实例 \ 销售统计表 .xlsx。

数据排序有简单排序和复杂排序两种类型。简单排序是指设置单一的排序条件，然后将工作表中的数据按指定的条件进行排序。复杂排序是指同时按多个关键字对数据进行排序。复杂排序需要在“排序”对话框中进行设置，可以添加多个排序的条件来实现对数据的复杂排序。复杂排序的方式如下：

（1）选择工作表数据区域任意一单元格，切换到“数据”选项卡，在“排序和筛选”组中单击“排序”按钮。

（2）弹出的“排序”对话框，在“主要关键字”下拉列表中选择“日期”选项，在“次序”下拉列表中选择“降序”选项。

（3）单击“添加条件”按钮，在“次要关键字”下拉列表中选择“金额”选项，在“次序”下拉列表中选择“降序”选项。

（4）单击“确定”按钮返回工作表，可以看到表格执行了两个排序条件，依次对商品和金额进行了降序排序。

2. 筛选数据

打开原始文件：Excel 实例 \ 三季度销售情况表 .xlsx。

数据筛选有自动筛选和自定义筛选两种类型。自定义筛选的方式如下：

（1）选择工作表数据区域任意一单元格，切换到“数据”选项卡，单击“筛选”按钮。

（2）单击“本月销售额”字段后的下三角按钮，在展开的下拉列表中选择“数字筛选”选项，然后在其子列表中选择“自定义筛选”选项。

（3）弹出“自定义自动筛选方式”对话框，设置本月销售额条件为大于 6000，再次打开“自定义自动筛选方式”对话框，选中“或”单选按钮，在下拉列表框中设置第二个条件，如设置本月销售额小于 5000，表示本月销售额满足大于 6000 或者小于 5000 的条件，如图 3-57 所示，最后单击“确定”按钮，结果如图 3-58 所示。

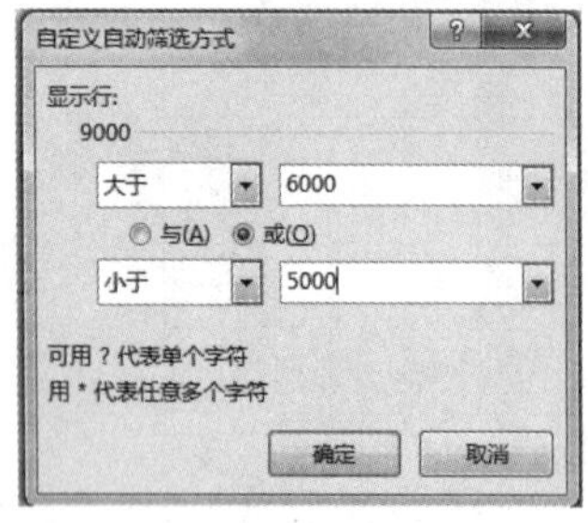

图 3-57　自定义自动筛选方式

	A	B	C	D	E	F
1	销售统计表					
2	姓名	性别	编号	日期	商品目录	金额
3	刘兰兰	女	1001	11月28号	家电类	9000
4	马小亮	男	1002	11月12号	食品类	1600
5	张君君	女	1003	11月5号	蔬菜类	8000
6	李明	男	1004	11月2号	生鲜类	7800

图 3-58　“或”条件筛选结果

习题

一、选择题

1. 若需要选取若干个不相连的单元格，可以按住（　　）键，再依次选择每一个单元格。

A. Ctrl　　B. Alt

C. Shift　　D. Enter

2. 在数据移动过程中，如果目的地已经有数据，则 Excel 会（　　）。

A. 请示是否将目的地的数据后移　　B. 请示是否将目的地的数据覆盖

C. 直接将目的地的数据后移　　D. 直接将目的地的数据覆盖

3. 如果 A1:A5 单元格的值依次为 10，15，20，25，30，则 COUNTIF（A1:A5，”>20”）等于（　　）。

A. 1　　B. 2

C. 3　　D. 4

4. 在进行分类汇总前必须对数据清单进行（　　）。

A. 建立数据库　　B. 排序

C. 筛选　　D. 有效计算

5. Excel 在公式运算中，如果引用第 6 行的绝对地址，第 D 列的相对地址，则应为（　　）。

A. 6D　　B. $6D

C. $D6　　D. D$6

6. 在 Excel 工作表中，假设 A2=7，B2=6.3，选择 A2:B2 区域，并将鼠标指针放在该区域右下角填充句柄上，拖动至 E2，则 E2=（　　）。

A. 3.5　　B. 4.2

C. 9.1　　D. 9.8

7. 在 Excel 工作表中，单元格区域 D2:E4 所包含的单元格个数是（　　）。

A. 7　　B. 6

C. 5　　D. 8

8. 与 Word 相比较，下列（　　）是 Excel 特有的。

A. 标题栏　　B. 菜单栏

C. 工具栏　　D. 编辑栏

9. 修改已输入数据的单元格内容，（　　）可以进行编辑。

A. 双击单元格　　B. 单击单元格

C. 选择单元格，然后回车　　D. 选择单元格，然后按 Tab 键

10. 关于 Excel 单元格中的公式的说法，不正确的是（　　）。

A. 只能显示公式的值，不能显示公式

B. 能自动计算公式的值

C. 公式值随所引用的单元格的值的变化而变化

D. 可以用填充柄自动填充计算

11. 关于 Excel 工作簿和工作表，下列说法错误的是（　　）。

A. 工作簿就是 Excel 文件

B. 工作簿是由工作表组成的，每个工作簿都可以包含多个工作表

C. 工作表和工作簿均能以文件的形式存盘

D. 工作表是一个由行和列交叉排列的二维表格

12. 在 Excel 中表格可以修饰的内容有（　　）。

A. 设置表格的边线　　B. 填充表格的颜色

C. 合并或拆分表格　　D. 以上选项都是

13. 在 Excel 中，若要对某工作表重新命名，可以采用（　）。

A. 双击表格标题行　　B. 双击工作表标签

C. 单击表格标题行　　D. 单击工作表标签

14. 在 Excel 工作表中，先选定第一个单元格 A3，然后按住 shift 键再选定单元格 D6，则选中的是（　　）。

A. A3:D6 单元格区域　　B. A3 单元格

C. D6 单元格　　D. A3 和 D6 单元格

15. 在 Excel 默认状态下，要在某单元格中显示数值 0.5 时可以输入（　　）。

A. 10/20　　B. =10/20

C. “10/20”　　D. = “10/20”

16. 保存 Excel 工作簿文件默认的扩展名是（　　）。

A. xls　　B. xlt

C. dbf　　D. txt

17. 在 Excel 中，新建一个工作簿，默认情况下有（　　）个工作表。

A. 1　　B. 2

C. 3　　D. 255

18. 在 Excel 中求 A1、A2、A3 单元格中数据的平均值，并在 A4 单元格式中显示出来，下列公式错误的是（　　）。

A. =（A1+A2+A3）/3　　B. =SUM（A1:A3）/3

C. =AVERAGE（A1:A3）　　D. =AVERAGE（A1:A2:A3）

19. 新建的 Excel 工作簿中默认有（　　）张工作表。

A. 2　　B. 3

C. 4　　　　D. 5

20. 在 Excel 工作表的单元格中计算一组数据后出现 ########，这是由于（　　）所致。

A. 单元格显示宽度不够　　　　B. 计算数据出错

C. 计算机公式出错　　　　D. 数据格式出错

二、填空题

1. 打开 Excel 工作簿的快捷键是 Ctrl 键 +___________ 键。

2. 在 A1 至 A5 单元格中求出最大值，应用函数 ___________。

3. 在 Excel 2013 中，工作簿文件的扩展名为 ____________。

4. 单元格的引用有相对引用、绝对引用、_________。

5. Excel 工具栏上的 Σ 按钮功能是 _________。

6. Excel 2013 工作表中，单元格 Cl 至 C10 中分别存放的数据为 1，3，5，7，9，11，13，15，17，19，在单元格 C12 中输入了 AVERAGE（C1:C10）函数，则该单元中的值是 ____________。

7. 在 Excel 中，如果单元格 D3 的内容是“=A3+C3”，选择单元格 D3，然后向下拖曳数据填充柄，这样单元格 D4 的内容是“____________”。

8. 在 Excel 中，拖动单元格的 ____________ 可以进行数据填充。

9. 在 Excel 中，最能反映数据之间量变化快慢的一种图表类型是 ____________。

10. 在 Excel 的数据库中，数据的筛选方式有 ____________。

三、判断题

1. Excel 工作表进行保存时，只能存为后缀为 . xlsx 的文件。

2. 实现 Excel 工具表与 Word 文档之间的数据交换有粘贴、嵌入、链接三种方式。

3. Excel 工作表中，不能改变单元格的宽度和高度。

4. Excel 输入一个公式时，可以以等号开头。

5. 可以使用填充柄进行单元格复制。

6. 修改 Excel 文档后，以新名存盘，需单击 Office 按钮菜单中的“另存为”命令。

7. 在工作表中不能插入行。

8. 在 Excel 中，用户所进行的各种操作都是针对当前活动单元格进行的，即使已选中一定范围的单元格。

9. Excel 不能生成三维图表。

10. 在 Excel 中，函数必有函数名，若有参数必须用括号括起来，若没有参数括号可以省略。

四、操作题

1. 在 Excel 中填入下表，学号以填充方式输入，在“法律基础”列后插入一列，列标题为“总分”，使用函数计算总分和平均分；将不及格科目成绩字体变成红色，其他文字的字体为黑体，将 80 ～ 90 分之间的成绩添加蓝色底纹，各项数据居中对齐，以总分列升序方式排序，将 B 列隐藏，保存在第一题中所建的文件夹中，命名“学生成绩表 .xls”。

学生成绩表				
学号	姓名	计算应用基础	政治经济学	法律基础
10012001	张三	73	82	76
	李四	56	69	82
	王五	90	78	69
	老七	68	53	89
	老八	87	79	97

2. 用 Excel 电子表格软件制作下列表格，在“折合人民币（万元）”列后插入一列，列标题为“捐款合计”，计算捐款合计（设置条件格式，凡捐款合计超过 4 万元的自动标示为灰色背景），并绘制出部门三维饼图，并将其嵌入工作表的 F2:J6 区域。保存文件名为 yp_f003，扩展名缺省。

救灾物资统计表			
单位	捐款（万元）	实物（件）	折合人民币（万元）
部门一	1.5	73	2.7
部门二	1.2	68	2.9
部门三	0.7	68	3.1
部门四	0.68	56	1.3

项目四　使用 PowerPoint 2013 制作幻灯片

【项目要点】

PowerPoint 2013 是一个专门制作演示文稿的应用程序，其主要功能是将各种文字、图形、图表、声音、视频等多媒体信息以图片的方式展示出来。本项目介绍该软件的基本使用方法和一些常用技巧，主要从以下几方面考查学生的学习情况。

1. 掌握启动和退出 PowerPoint 的各种操作方法。

2. 掌握 PowerPoint 各种文档格式的作用，以及创建、打开、保存和关闭方法。

3. 掌握 PowerPoint 演示文稿的各种视图和视图中窗格的作用和使用方法。

4. 掌握使用 PowerPoint 制作幻灯片的基本过程，包括创建、组织和编辑幻灯片的各种方法。

5. 掌握 PowerPoint 提供的用于制作幻灯片的各种辅助功能，如文本格式、作图方法、插入对象、组织结构图、幻灯片格式管理等。

6. 掌握 PowerPoint 提供的统一外观的控制功能，包括幻灯片版式、设计模板、母版、配色方案等。

7. 掌握演示文稿的动画效果和动作设置，设计具有较高表达效果的演示文稿。

8. 掌握演示文稿的播放和打印以及打包和网上发布等操作技能。

以上是本项目要求掌握的重要内容，但一个好的演示文稿必须具有美观和谐的外观、灵活便捷的交互能力，充满想象力、创造力和个性等特点。

任务 1　编辑“宝马汽车公司简介”演示文稿

任务目的

1. 熟悉启动 PowerPoint 2013。
2. 掌握保存和关闭 PowerPoint 2013 演示文稿。
3. 掌握新建幻灯片。
4. 掌握设计幻灯片版式。

5. 熟悉在幻灯片中插入文本框、图片、表格、图表、Smart Art 图形和剪贴画。

6. 掌握设计幻灯片主题。

任务内容

利用 PowerPoint 制作一份“宝马汽车公司简介”演示文稿，通过建立一个完整的文稿来学习演示文稿的启动、浏览、新建、编辑、新幻灯片的插入和在幻灯片中插入文本等操作。

1. 启动 PowerPoint 2013。
2. 建立一个新演示文稿，保存为“宝马汽车公司简介”。
3. 为“宝马汽车公司简介”演示文稿插入新幻灯片。
4. 设计幻灯片版式，分别设置为“标题”版式和“标题和内容”版式。
5. 在第 2 页中添加文本框，输入文字。
6. 在第 3 页中添加图片。
7. 在第 6 页中添加表格。
8. 在第 7 页中添加图表。
9. 在第 8 页中添加自选图形。
10. 设计幻灯片主题。
11. 关闭和保存演示文稿。

任务步骤

1. 启动 PowerPoint 2013

单击桌面上的 Microsoft Office PowerPoint 2013 快捷方式图标，即可启动 PowerPoint 2013，其工作界面如图 4–1 所示。

图 4–1　PowerPoint 2013 工作界面

2. 制作“宝马汽车公司简介”标题页

单击“单击此处添加标题”文本框，输入标题文字“公司简介”，并通过拖动的方式将标题文本框放置到合适位置。单击“单击此处添加副标题”文本框，输入文字，即可完成第 1 张“标题”幻灯片的制作，如图 4-2 所示。

图 4-2　编辑幻灯片标题

3. 制作第 2 页“宝马汽车公司简介”幻灯片

(1) 插入幻灯片。单击“开始”功能区中“幻灯片”组中的“新建幻灯片”按钮。PowerPoint 2013 中提供了好多种幻灯片版式，本幻灯片中选择“标题和内容”版式，即在标题页后添加了一张新幻灯片，如图 4-3 所示。

图 4-3　“标题和内容”版式

(2) 输入文字。单击标题占位符，输入标题“宝马汽车公司简介”，在文本占位符中输入文字，然后按 Enter 键换行，输入后续文本，完成效果如图 4-4 所示。

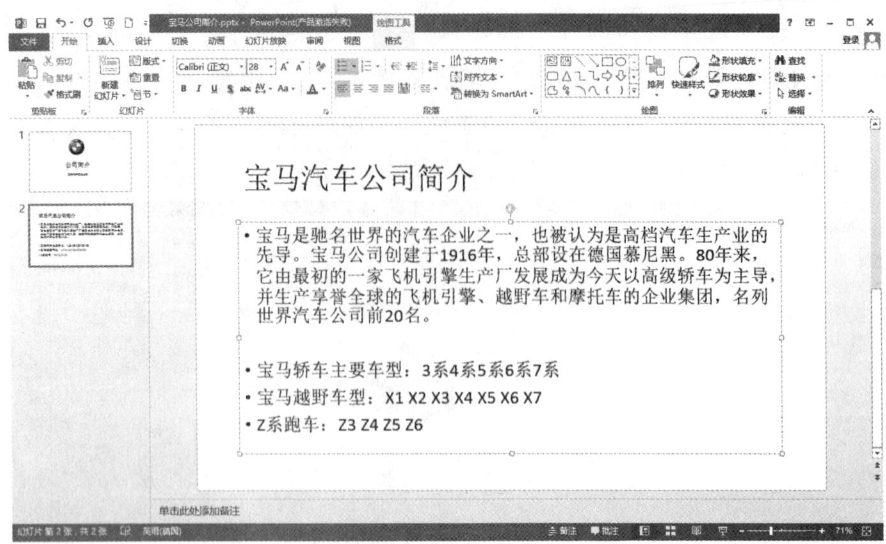

图 4–4 “宝马汽车公司简介”效果图

4. 制作接下来的几张幻灯片

后面的幻灯片，可以用制作第 2 张幻灯片的方法进行制作。

（1）第 3 页，选择“标题和内容”版式，输入效果图中文字，插入图片“标志演变”，完成后的效果如图 4–5 所示。

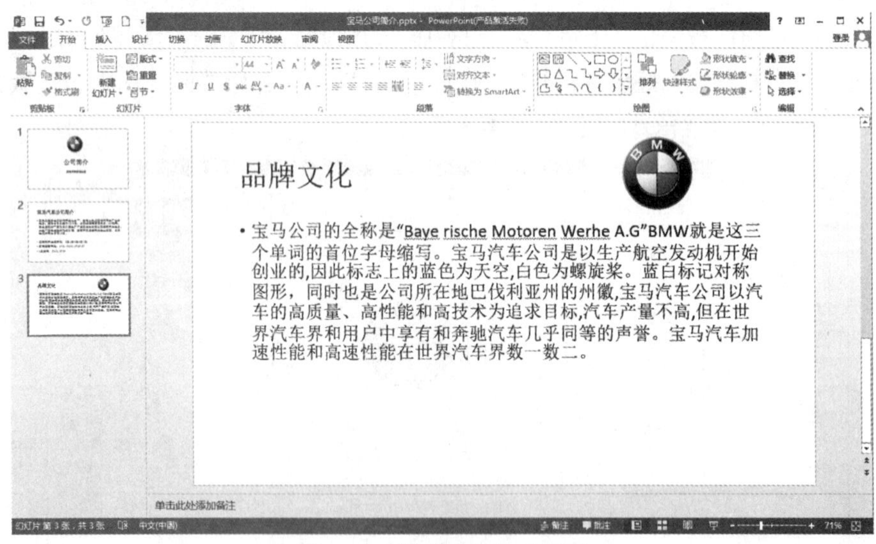

图 4–5 “品牌文化”效果图

（2）第 4 ～ 5 页，修改版式，添加文字与图片，完成后的效果如图 4–6 和图 4–7 所示。

（3）第 6 页，制作车型简介，完成后的效果如图 4–8 所示。

图 4-6 “公司总部”效果图

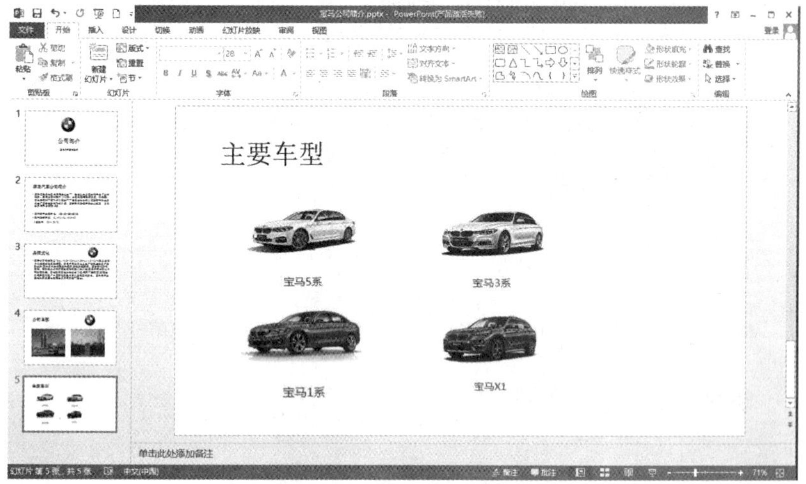

图 4-7 “主要车型”效果图

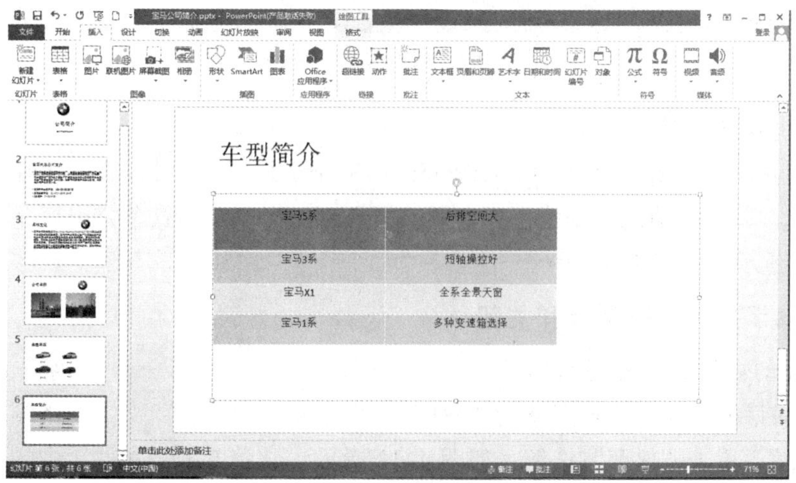

图 4-8 “车型简介”效果图

（4）第 7 页，制作各豪华品牌销量图表，使用三维簇状柱形图，完成后的效果如图 4–9 所示。

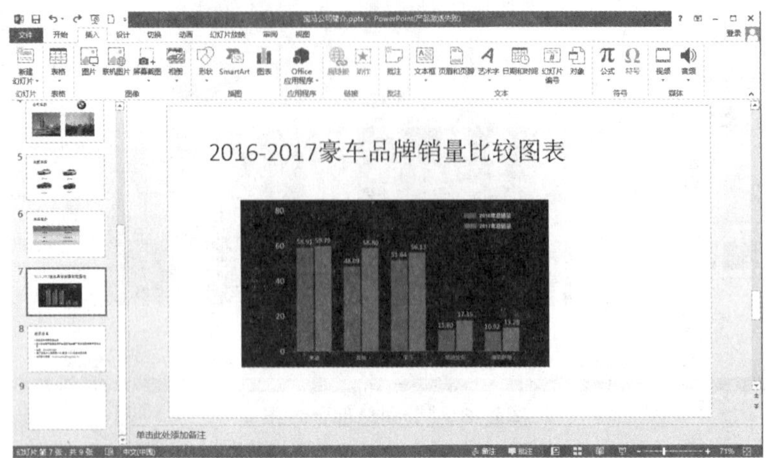

图 4–9 “2016–2017 豪华品牌销量比较图表”效果图

（5）第 8 页，插入自选图形并编辑相应文字，完成后的效果如图 4–10 所示。

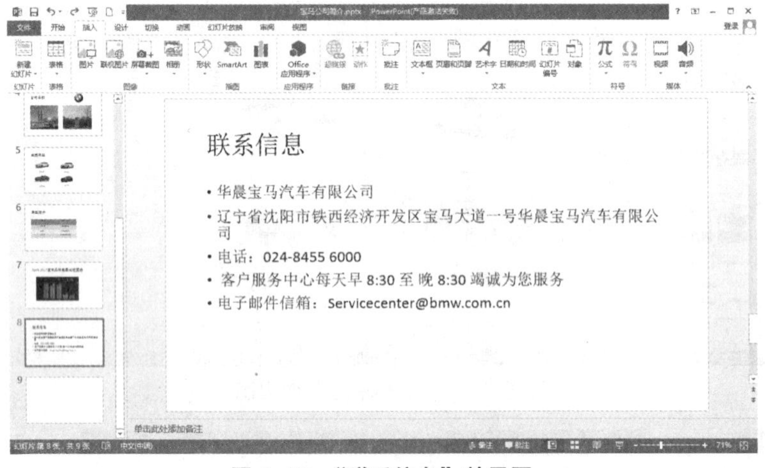

图 4–10 “联系信息”效果图

5. 添加设计主题

切换到“设计”选项卡中，PowerPoint 2013 自带了一些设计模板，可在“主题”组的列表框中，单击滚动按钮浏览选择合适的模板。如为“宝马汽车公司简介”幻灯片选择“波形”选项，如图 4–11 所示。

6. 对演示文稿进行保存和关闭

制作好幻灯片后，需要对幻灯片进行保存，单击“文件”→“保存”命令，弹出“另存为”对话框，保存位置默认为“我的文档”，在“文件名”文本框中输入“宝马汽车公司简介”，单击“保存”按钮，如图 4–12 所示。最后单击“文件”中的“关闭”按钮，关闭演示文稿。

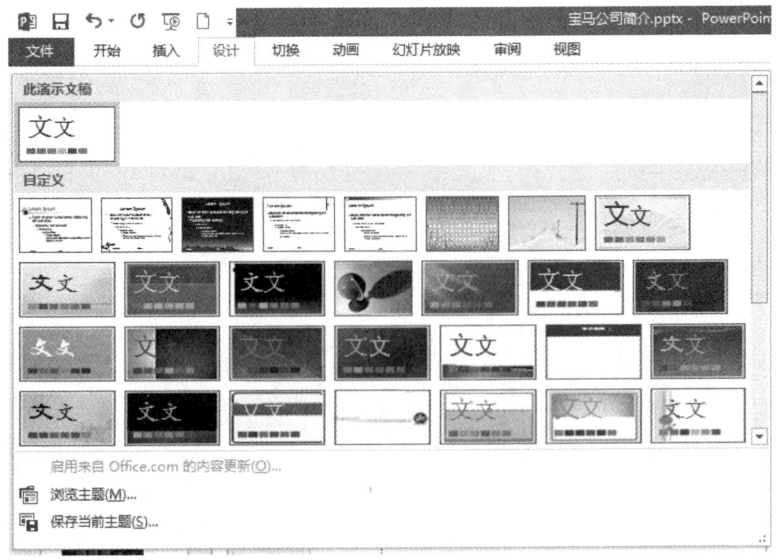

图 4-11　设计主题

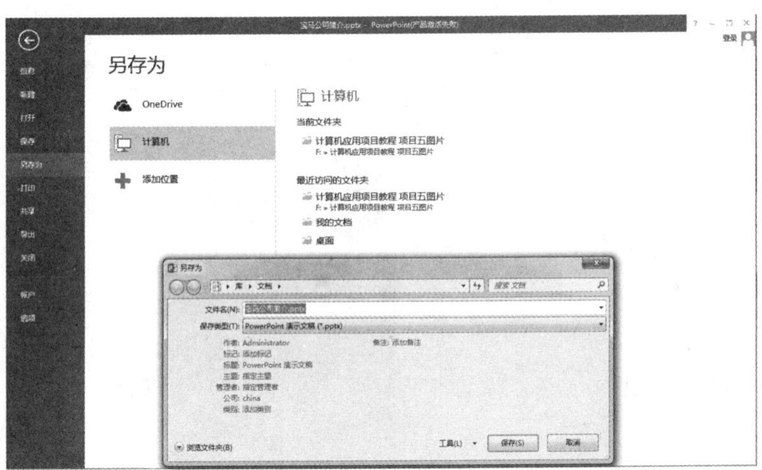

图 4-12　“另存为”对话框

知识拓展

1. 启动 PowerPoint 2013

方法一：单击“开始”按钮，选择 Microsoft Office PowerPoint 2013 命令，即可启动 PowerPoint 2013 演示文稿。

方法二：双击已有的演示文稿即可启动 PowerPoint 2013。

2. 插入幻灯片

选中第 1 张幻灯片，在“开始”选项卡的“幻灯片”组中单击“新建幻灯片”按钮，此时就会弹出多种布局样式的幻灯片。在这里选择自己需要的幻灯片样式即可，同时

"幻灯片 / 大纲"任务窗格中相应的幻灯片的序号也随之发生了变化。

3. 删除幻灯片

在"幻灯片 / 大纲"任务窗格中选中要删除的幻灯片，然后按 Delete 键，即可将选中的幻灯片删除，同时"幻灯片 / 大纲"任务窗格中相应幻灯片的序号也随之发生了变化。

4. 图片的插入

（1）在第 2 张幻灯片中插入图片

在"插入"选项卡的"插图"组中单击"图片"按钮，弹出"插入图片"对话框，在"查找范围"下拉列表中选择"ppt 实例 / 第 1 节 / 保时捷公司风景"，单击"插入"按钮，选中的图片就会被插入幻灯片中。

（2）编辑插入的图片

1）设置图片大小。单击需要调整的图片，在图片的周围即会有 8 个控点，如图 4–13 所示。此时，拖曳控点即可改变图片的大小。

图 4–13　改变图片大小

2）移动图片。选定需要移动的图片，将光标放在控点以外的边框上，光标会变成十字形状，此时拖动鼠标，即可移动图片。

任务 2　"宝马汽车公司简介"PPT 的媒体设计

任务目的

1. 掌握添加动画效果。

2. 掌握添加幻灯片切换效果。
3. 掌握添加动画窗格效果。
4. 熟悉添加声音和影片。

任务内容

本节课利用任务 1 制作的“宝马汽车公司简介 . pptx”幻灯片继续制作，对一个完成的演示文稿中的大部分对象，如文本框、图片、表格等制作动态动画效果，并在演示文稿中添加图片和影片。

1. 打开“宝马汽车公司简介 . pptx”文档。
2. 对每张幻灯片添加切换效果。
3. 对第 1 页文本框添加“淡入 / 淡出”动画效果。
4. 对第 4 页图片添加“进入”动画效果。
5. 对第 6 页表格添加“浮入”进入动画效果，第 7 页图表添加“擦除”进入动画效果。
6. 对第 8 页自选图形添加“擦除”进入动画效果。
7. 在第 1 页中插入背景音乐，设置声音播放到文档最后一页。
8. 在演示文稿最后新建一页，插入影片文件。
9. 关闭并保存“宝马汽车公司简介 . pptx”。

任务步骤

1. 打开“宝马汽车公司简介 .pptx”文档

打开“宝马汽车公司简介 .pptx”演示文稿，如图 4-14 所示。

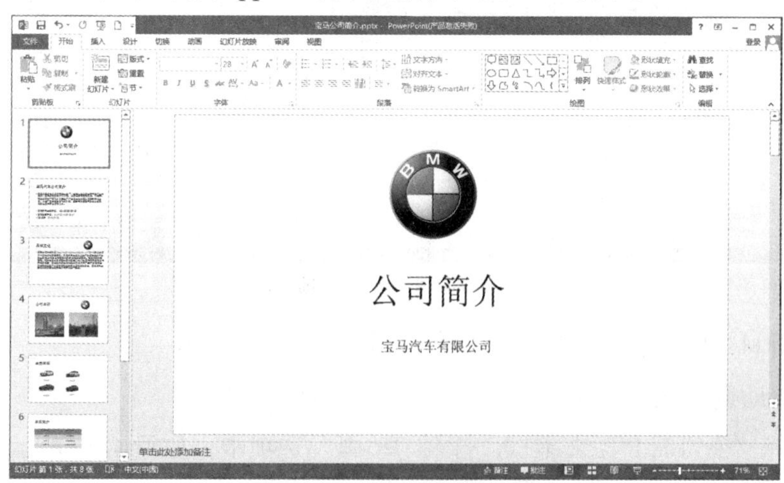

图 4-14　“宝马汽车公司简介”演示文稿

2. 添加幻灯片切换效果

(1) 打开“切换”选项卡，如图 4–15 所示。

图 4–15 “切换”选项卡

(2) 分别为 1 ～ 8 页幻灯片添加淡出、擦除、覆盖、闪光、溶解、闪耀、涡流、涟漪等切换效果。

(3) 将第 1 页“淡出”动画效果调整为“全黑”，切换时间调整为 2 秒，在快捷访问工具栏中找到效果选项，将效果由平滑改为全黑，将持续时间调整为 2 秒，如图 4–16 所示。

图 4–16 效果选项

(4) 设置自动换片时间为 3 秒，单击“全部应用”按钮。

3. 添加动画效果

(1) 选择“公司简介”文本框，打开“动画”选项卡，如图 4–17 所示。添加“缩放”进入效果与“淡出”退出效果，进入效果在前，退出效果在后。

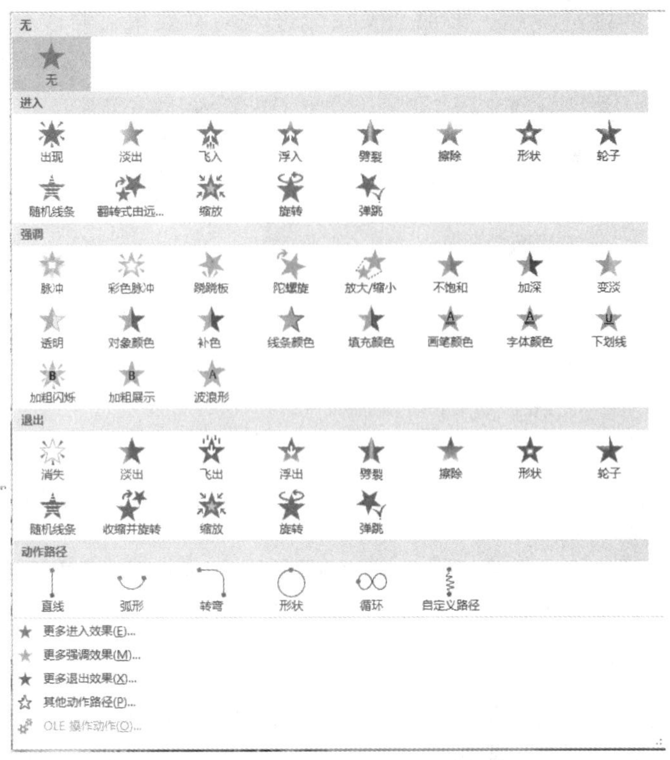

图 4-17　“动画”选项卡

（2）选择第 3 页品牌标志图片，添加“旋转”进入动画效果。

（3）选择第 4 页公司总部图片，添加“翻转式由远及近”动画效果。

（4）选择第 6 页表格，添加“浮入”进入动画效果以及“随机线条”消失动画效果。

（5）选择第 7 页图表，添加“擦除”进入动画效果，修改效果选项为“自底部”，如图 4-18 所示。

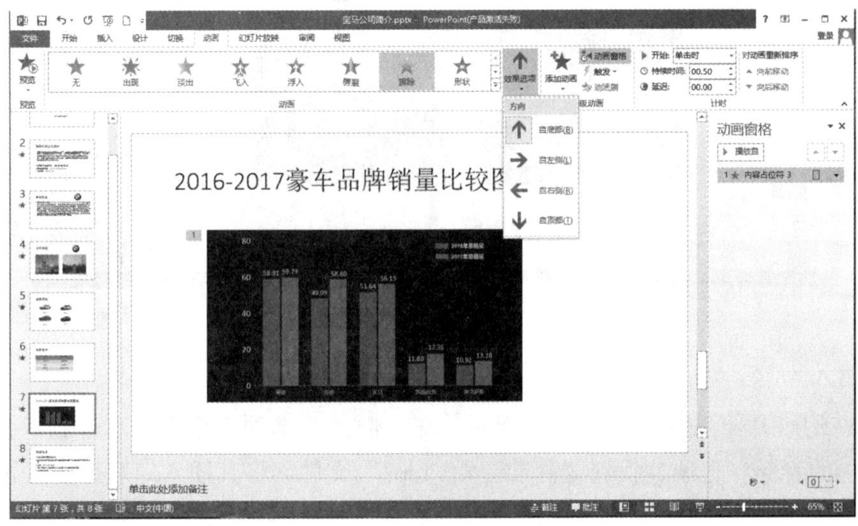

图 4-18　图表动画效果

（6）选择第 8 页自选图形，添加“擦除”进入动画效果，修改效果选项为“自左侧”，开始为“上一幅动画之后”，如图 4–19 所示。

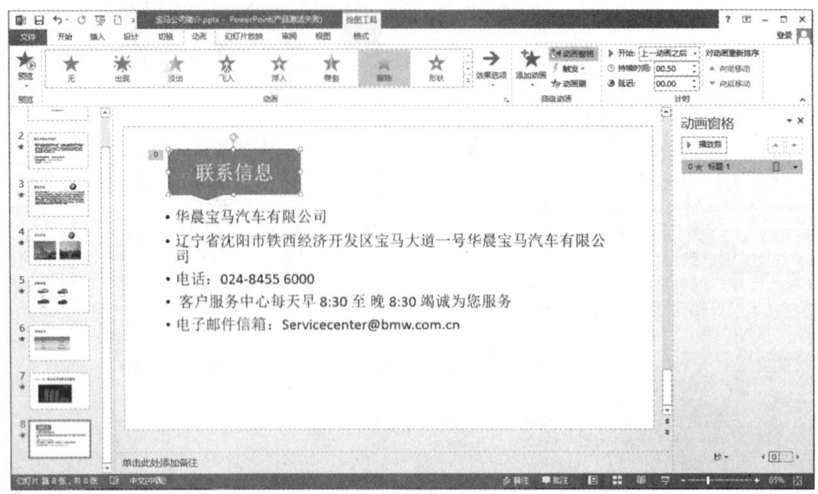

图 4–19　图形动画效果

4. 动画窗格效果

（1）选择第 4 页图片，在“动画”选项卡中找到动画窗格。

（2）对该页的 3 张图片分别设置“形状”进入动画效果，播放时间都设置为 1 秒钟，设置顺序，每一张图片进入效果都在上一项之后，如图 4–20 所示。

图 4–20　设置动画顺序

5. 插入声音

（1）在幻灯片第 1 页上插入背景音乐，在“插入”选项卡中单击“音频”按钮，选择“PC 上的音频”选项，找到“背景音乐 . mp3”文件，将其插入幻灯片中，如图 4–21 所示。

图 4–21　插入声音

（2）在动画窗格中找到音频效果选项，在“效果”选项卡中找到停止播放位置，将其更正为播放至第 8 页之后结束，如此一来背景音乐可以贯穿 8 页幻灯片一直播放。

6. 插入视频

（1）在幻灯片第 8 页之后新建幻灯片，在空白页中插入视频文件“bmw 宣传片 .mp4”文件，如图 4–22 所示。

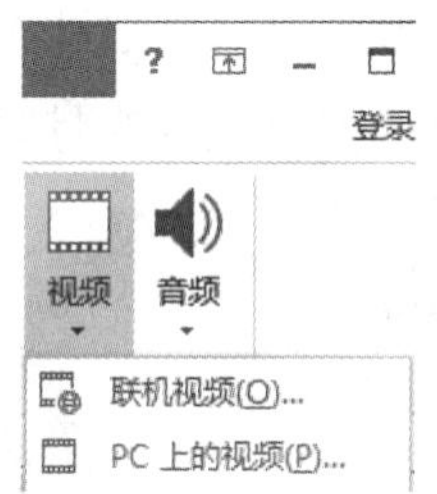

图 4–22　插入视频选项

（2）在视频工具中调整视频样式。

（3）在动画窗格中，调整视频播放效果。

知识拓展

PowerPoint 2013 动画效果可分为 PowerPoint 2013 自定义动画以及切换效果两种动画效果。下面介绍自定义动画。

PowerPoint 2013 有以下 4 种自定义动画效果。

1.“进入”动画效果。在 PowerPoint 菜单的“动画”→“添加动画”里面设置的“进入”或“更多进入效果”，如图 4–23 所示，都是动画窗格里自定义对象的出现动画形式，如可以使对象逐渐淡入焦点、从边缘飞入幻灯片或者跳入视图中等。

图 4–23 “进入”动画效果

2.“强调”动画效果。同样，在 PowerPoint 菜单的“动画”→“添加动画”的“强调”或“更多强调效果”里，如图 4–24 所示，有“基本型”“细微型”“温和型”以及“华丽型”4 种特色动画效果，这些效果的示例包括使对象缩小或放大、更改颜色或沿着其中心旋转。

3.“退出”动画效果。这个动画窗格效果与“进入”动画效果类似但是方向相反，如图 4–25 所示，它是自定义对象退出时所表现出来的动画形式，如让对象飞出幻灯片、从视图中消失或者从幻灯片旋出。

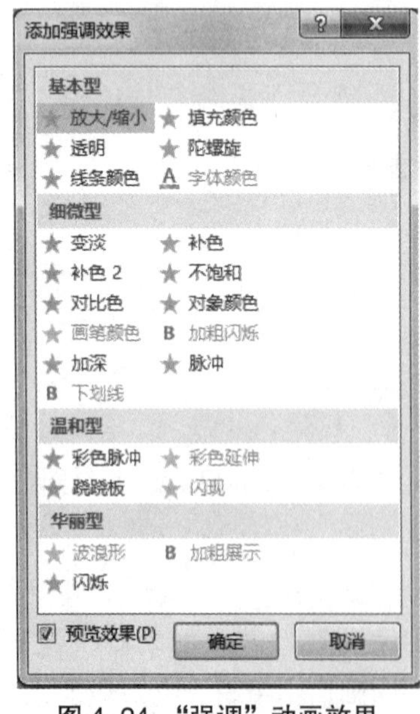

图 4–24 “强调”动画效果

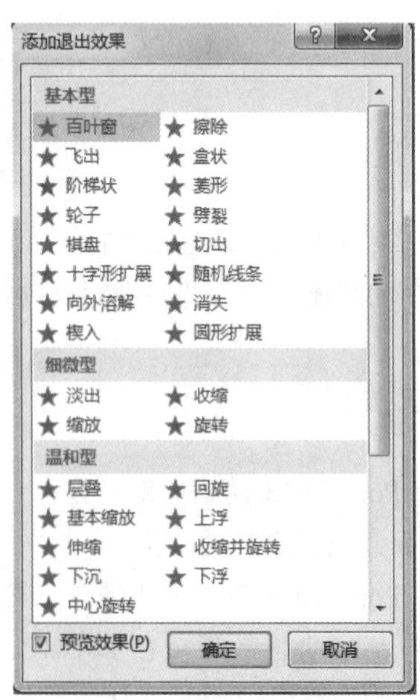

图 4–25 “退出”动画效果

4.“动作路径”动画效果。这一个动画效果是根据形状或者直线、曲线的路径来展示对象游走的路径，使用这些效果可以使对象上下移动、左右移动或者沿着星形或圆形图案移动（与其他效果一起），如图 4–26 所示。

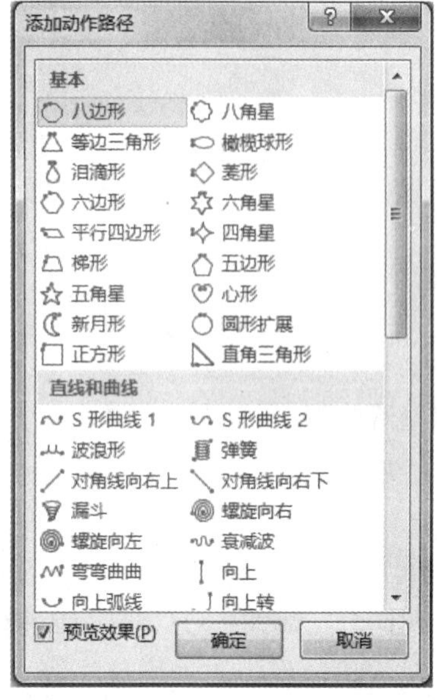

图 4–26 “动作路径”动画效果

以上 4 种动画窗格，可以单独使用任何一种动画，也可以将多种效果组合在一起。例如，可以对一行文本应用“飞入”进入动画效果及“陀螺旋”强调动画效果，使它旋转起来，如图 4–27 所示。也可以对动画窗格设置出现的顺序以及开始时间、延时或者持续动画时间等。

图 4–27 飞入与旋转同时进行的动画效果

任务 3　播放“宝马公司简介”演示文稿

任务目的

1. 掌握打开演示文稿。
2. 掌握放映幻灯片。
3. 熟悉设置幻灯片放映。
4. 熟悉设置排练计时。
5. 了解在放映过程中添加墨迹注释。

任务内容

本任务中将放映“宝马公司简介 . pptx”幻灯片，通过对本任务的学习，能够为演示文稿设置播放顺序，并且能够在放映过程中添加墨迹注释。

任务步骤

1. 打开“宝马公司简介 .pptx”演示文稿。启动 PowerPoint 2013，单击“文件”→“打开”命令，在弹出的“打开”对话框中选择“宝马公司简介 .pptx”演示文稿，然后单击“打开”按钮。

2. 从头开始播放。

（1）在“幻灯片放映”选项卡的“开始放映幻灯片”组中，单击“从头开始”按钮。PowerPoint 将会从演示文稿的第 1 张幻灯片开始放映。

（2）演示文稿放映时，可以利用鼠标来控制幻灯片的播放时间，单击即可播放下一张幻灯片。

（3）设置排练计时播放方式。单击“幻灯片放映”选项卡当中的“排练计时”按钮，重新播放幻灯片，用鼠标调节播放速度，播放结束后记住排练计时时间，再次播放就可以按照刚才排练计时调整的速度自动播放。

知识拓展

1. 排练计时放映方式

一般情况下，在放映幻灯片的过程中，用户都需要手动操作来切换幻灯片，如果为

第 1 张幻灯片定义具体的时间，可让幻灯片在不需要人工操作的情况下自动进行播放。

操作方法：打开需要放映的文件，在“幻灯片放映”选项卡的“设置”组中，单击“排练计时”按钮，如图 4–28 所示。此时演示文稿会自动地进行放映状态，同时弹出“录制”工具栏，如图 4–29 所示，并开始放映计时。

在“预览”工具栏中单击“下一项”按钮，进入下一个播放场景，则系统就自动地开始重新记录此场景的播放时间。按照相同的方法设置其他幻灯片的播放时间。所有的幻灯片都设置完毕后，会弹出一个提示框，如图 4–30 所示，提示用户是否保留排练时间。

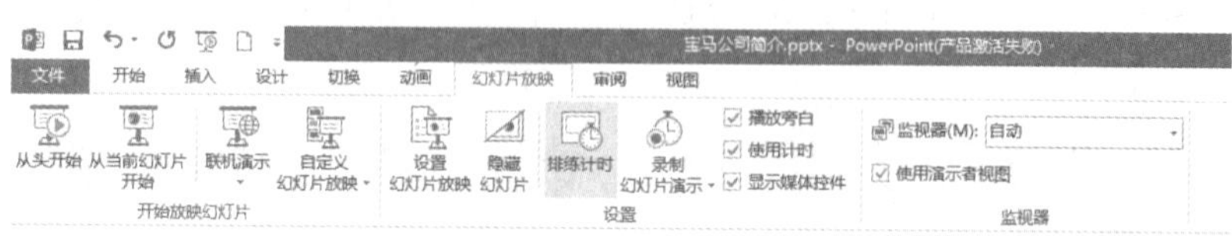

图 4–28　“排练计时”按钮

图 4–29　“预演”计时对话框

图 4–30　结束放映提示框

此时幻灯片自动地切换到了幻灯片浏览视图下，如图 4–31 所示。用户可以在此查看前面排练的放映时间，今后放映演示文稿时系统就会按照此时间来放映各张幻灯片。

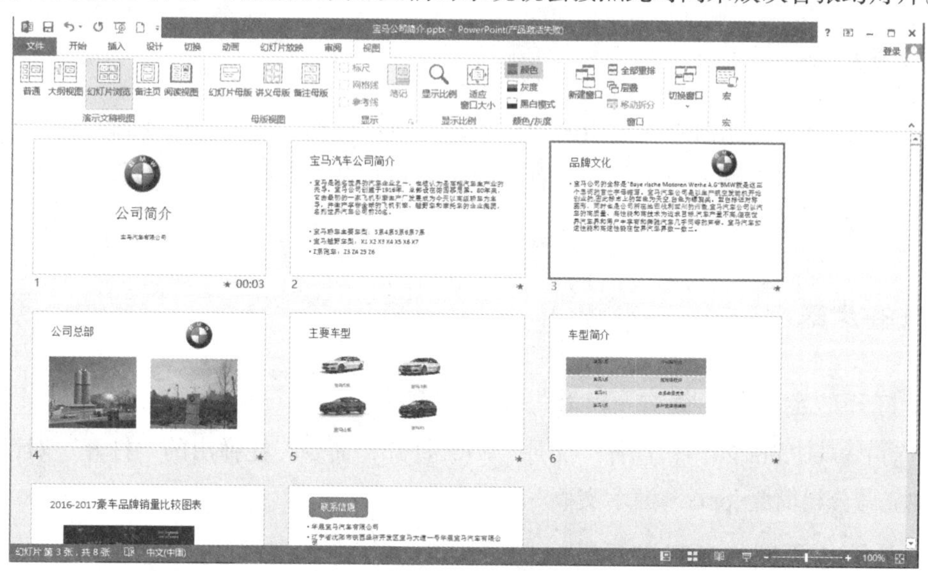

图 4–31　查看前面排练的放映时间

2. 录制幻灯片演示

录制幻灯片与排练计时类似，可以将整个演示过程录制下来，下次播放时包括播放动作和笔迹都会被演示出来，录制幻灯片演示功能如图 4–32 所示。

打开“录制幻灯片演示”功能，如图 4–33 所示，单击“开始录制”按钮，根据实际需要对幻灯片进行操作，流程与排练计时类似。

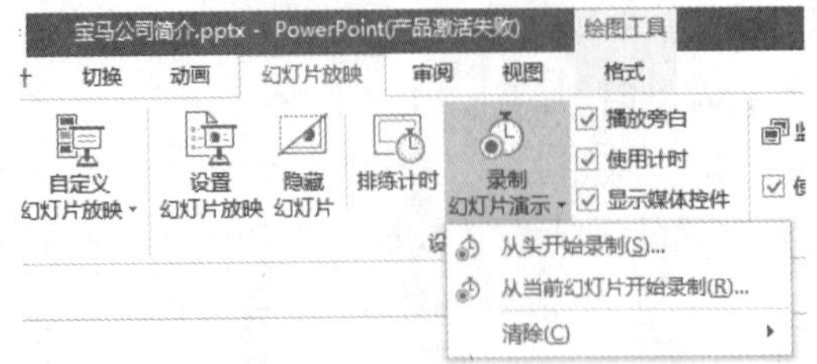

图 4–32 “录制幻灯片演示”功能

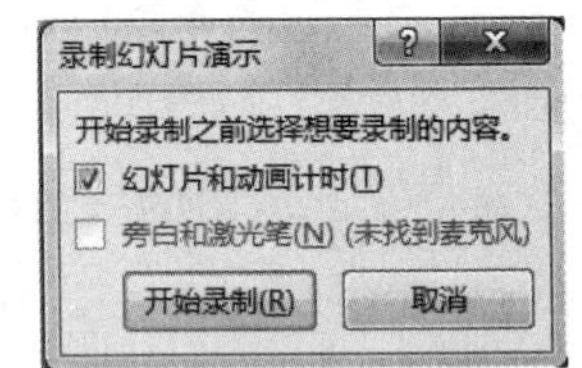

图 4–33 开始录制幻灯片演示

任务 4 “宝马公司简介”演示文稿的动画效果设计

任务目的

1. 熟悉自定义背景。
2. 熟悉制作电影胶片特效。
3. 了解制作车轮滚动特效。

任务内容

本任务中学习使用演示文稿中的动画效果完成一些高难度的特效动画制作。通过对这个任务的学习，能够为演示文稿设置自定义背景，制作电影胶片特效和制作车轮滚动特效等，让演示文稿更加丰富。

任务步骤

1. 打开“宝马公司简介 . pptx”演示文稿

启动 PowerPoint 2013，选择“文件”→“打开”命令，在弹出的“打开”对话框中找到“宝马公司简介 .pptx”演示文稿。

2. 为第 1 页制作自定义背景

右击第 1 页，在弹出的快捷菜单中选择“设置背景格式”命令。选中“图片或纹理填充”单选按钮，添加图片“宝马总部 .jpg”，选中“隐藏背景图片”复选框并且调整该图片显示的透明度为 15%，如图 4–34 所示。

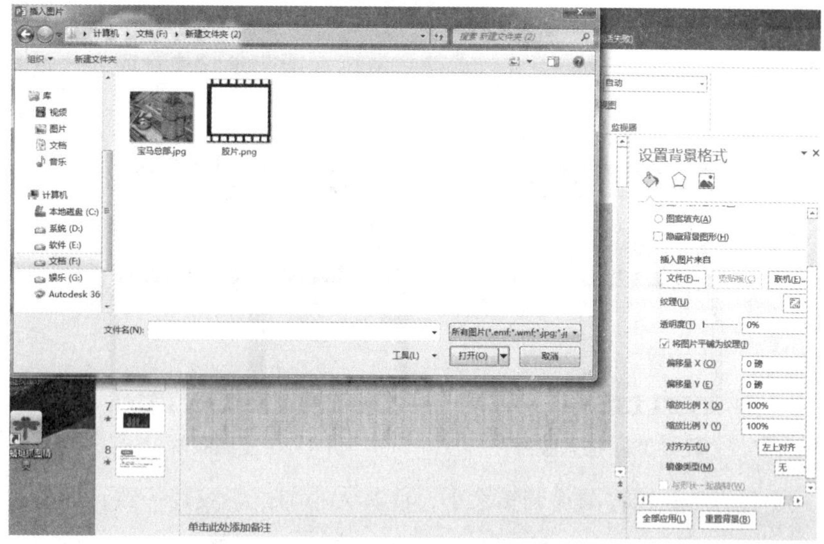

图 4-34　设置幻灯片背景

之后单击页面上方宝马 Logo，选择“图片工具”→“格式”→“颜色”命令，在弹出的下拉列表中选择“设置透明色”命令，单击图片，完成对第 1 页幻灯片自定义背景的操作。效果如图 4-35 所示。

图 4-35　自定义背景

3. 在第 5 页制作电影胶片特效

（1）选择第 5 页幻灯片，将页面上所有图片都删除，插入图片“胶片素材”。

（2）将胶片制成透明边框，方便后期插入的照片能实现穿透的效果：选择胶片照片，选择“图片工具格式”→“颜色”→“设置透明色”命令；按住 Ctrl 键滚动鼠标滚轮，将页面整体缩小，再选择图片，将图片放大，以方便后期在胶片中插入图片，效果如图 4-36 所示。

（3）选择胶片图片，按 Ctrl+C 组合键复制，再按 Ctrl+V 组合键粘贴，就复制出了一张一模一样的胶片，然后拖动图片，选择合适位置使两张胶片合成为一张图片，如图 4–37 所示。

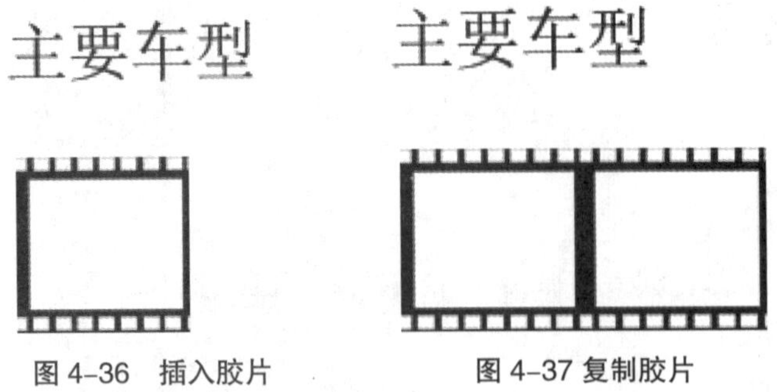

图 4–36　插入胶片　　　　图 4–37 复制胶片

（4）插入图片 01.jpg，将图片调整大小，使其大小与电影胶片一致，如图 4–38 所示。

图 4–38　胶片中插入图片

（5）依次插入 02.jpg ～ 07.jpg 图片到每张胶片中，调整好大小位置，然后按住 Ctrl 键，依次单击选中两张胶片素材和所有图片，右击，选择“组合”命令，将图片和素材结合为一个整体。

（6）调整胶片位置，将其置于页面右侧，注意一定是页面范围之外，如图 4–39 所示。

主要车型

图 4–39　调整胶片位置

（7）最后一步，至关重要，就是设置动画效果了。选中胶片，在“动画”选项卡中选择“添加动画”→“动作路径”→“直线”命令，如图 4–40 所示。

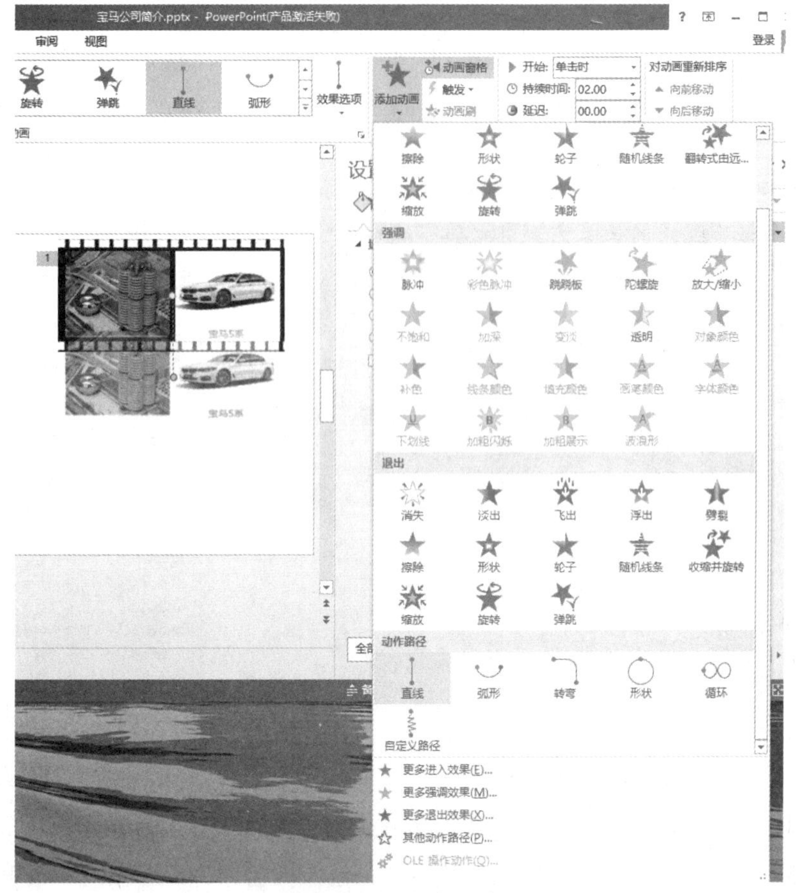

图 4–40　添加直线动画

选择“效果选项”→“靠左”命令，将显示的直线往左拉，拉到页面范围之外，选择“动画窗格”→“效果选项”命令，取消平滑开始和平滑结束，并设置时间为 5 秒。设置完成后，可以单击动画窗格的“全部播放”按钮，观看预览，完成效果如图 4–41 所示。

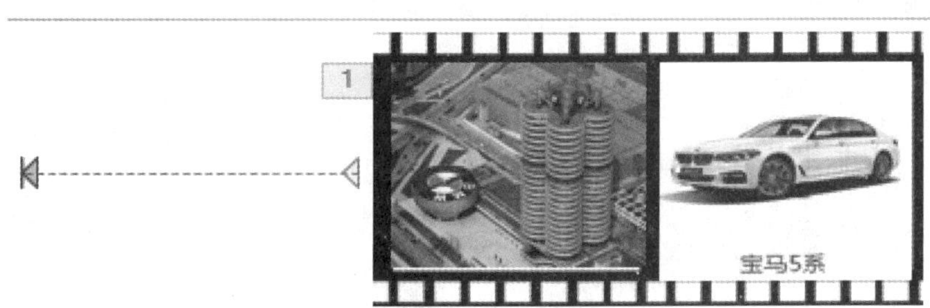

图 4–41　完成效果图

4. 制作车轮滚动特效

（1）选择第 2 页幻灯片，插入图片“轮胎 .jpg”并调整至合适大小并设置透明色。选中轮胎图片，切换到“动画”选项卡，选择“添加动画”组中的“陀螺旋”动画，如图

4–42 所示。

（2）选中轮胎图片，选择“动画样式”组中的“其他动作路径”选项，为“陀螺旋”动画添加动作路径，此时会弹出一个“添加动作路径”对话框，选择“直线和曲线”组中的“向右”选项，然后单击“确定”按钮，如图 4–43 所示。

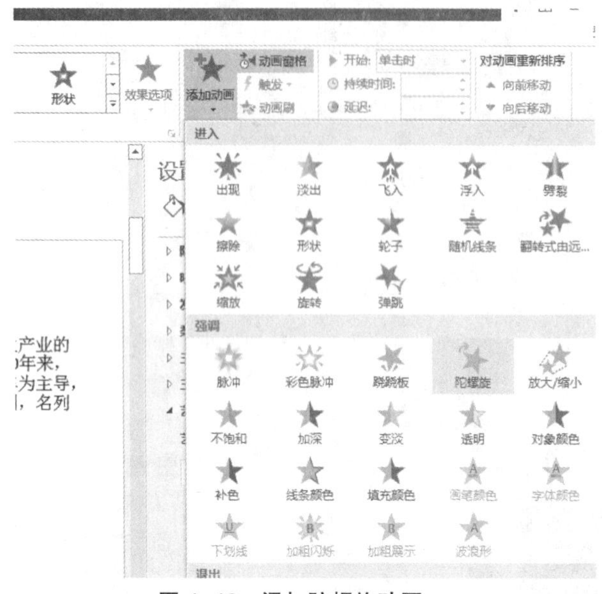

图 4–42　添加陀螺旋动画

图 4–43　动作路径

（3）返回演示文稿，将光标移动到右边新增的淡色轮胎图片上，待指针变成双向箭头的时候按下鼠标并将其移动到线条的最右侧，注意要与原先的球在同一条直线上。

（4）选中小球，切换到“动画”选项卡，单击“计时”组中“持续时间”右侧的上三角按钮，将持续时间调整到 4 秒，并取消平滑开始和结束，便于观看动画的效果，到这里设置就结束了，如图 4–44 所示。之后可以单击“播放”按钮，观看预览。

图 4–44　效果选项

知识拓展

一个精美的设计模板少不了背景图片的修饰，在设计演示文稿时，除了在应用模板

或改变主题颜色时更改幻灯片的背景外，还可以根据需要任意更改幻灯片的背景颜色和背景设计，如删除幻灯片中的设计元素，添加底纹、图案、纹理或图片等。

例如，希望让某个艺术图形（公司名称或徽标等）出现在每张幻灯片中，只需将该图形置于幻灯片母版上，然后该对象将出现在每张幻灯片的相同位置上，这样就不必在每张幻灯片中重复添加。

1. 更改背景样式。在“设计”选项卡的“背景”组中单击“背景样式”按钮，从弹出的下拉列表中选择所需要的背景。

2. 设置渐变填充。如果“背景样式”下拉列表中所提供的样式不能达到预期的效果，可以在“设计”选项卡的“背景”组中单击“背景样式”按钮，从弹出的下拉列表中选择“设置背景格式”按钮，弹出“设置背景格式”对话框，如图 4–45 所示。在对话框的右侧选中“填充”组的“渐变填充”单选按钮，然后单击“预设颜色”按钮。从弹出的下拉列表中选择一种合适的预设颜色效果，保持其他项目的默认设置不变，单击“全部应用”按钮，则演示文稿中所有幻灯片的背景效果就都变成了此效果。

3. 设置纹理颜色。选中“设置背景格式”对话框右侧“填充”组的“图片或纹理填充”单选按钮，然后单击“纹理”按钮，如图 4–46 所示，从弹出的下拉列表中选择一种合适的预设颜色效果，保持其他项目的默认设置不变。单击“全部应用”按钮，则演示文稿中所有幻灯片的背景效果就都变成了此效果。

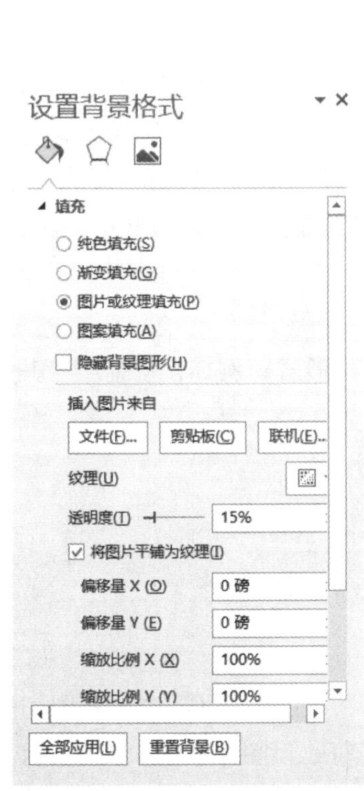

图 4–45　“设置背景格式”对话框

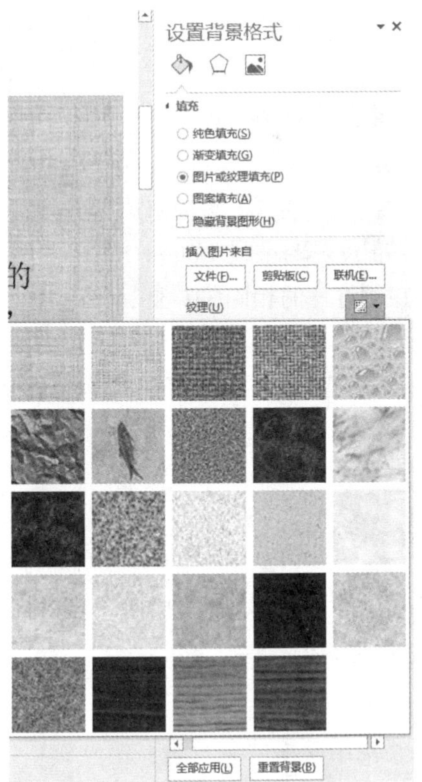

图 4–46　“纹理”下拉列表

任务 5　幻灯片后期制作

任务目的

1. 掌握幻灯片母版的制作。
2. 掌握页眉和页脚的设置。
3. 熟悉打印演示文稿。
4. 熟悉保存演示文稿。

任务内容

1. 设计幻灯片母版。母版界面中可看见默认新建“宝马”模板的母版样式，在左侧的缩略图中选定“幻灯片母版”，进行以下操作。

（1）设置文本字体：在右侧工作区中将“单击此处编辑母版标题样式”及下面的“第二级、第三级……”等字符设置成微软雅黑字体。

（2）设置文本段落：选中“第二级、第三级……”等字符，段落中段前、段后均设置为 6 磅。

（3）设置项目符号：选中“第二级、第三级……”等字符，设置一种项目符号样式。

（4）选择“插入”→“页眉和页脚”命令，打开“页眉和页脚”对话框，切换到幻灯片标签下，对日期区、页眉页脚区、数字区的文本进行格式化设置。

（5）将准备好的宝马 Logo 图片插入母版中，使 Logo 图片显示至每一张幻灯片中，并且显示在幻灯片的相同位置上。

2. 打印幻灯片。将每页幻灯片设置为 6 页，打印一份。

3. 保存幻灯片。将制作好的演示文稿保存成多种形式，例如，广播幻灯片、视频或者 CD。

任务步骤

打开“PPT 实例 \ 宝马公司简介 . pptx”演示文稿。

1. 母版设计

（1）设置母版字体。打开“宝马公司简介 .pptx”，在“视图”选项卡中切换到母版设计视图。选中文字“第二级、第三级……”等字符，设置字体为“微软雅黑”，如图 4–47 所示。

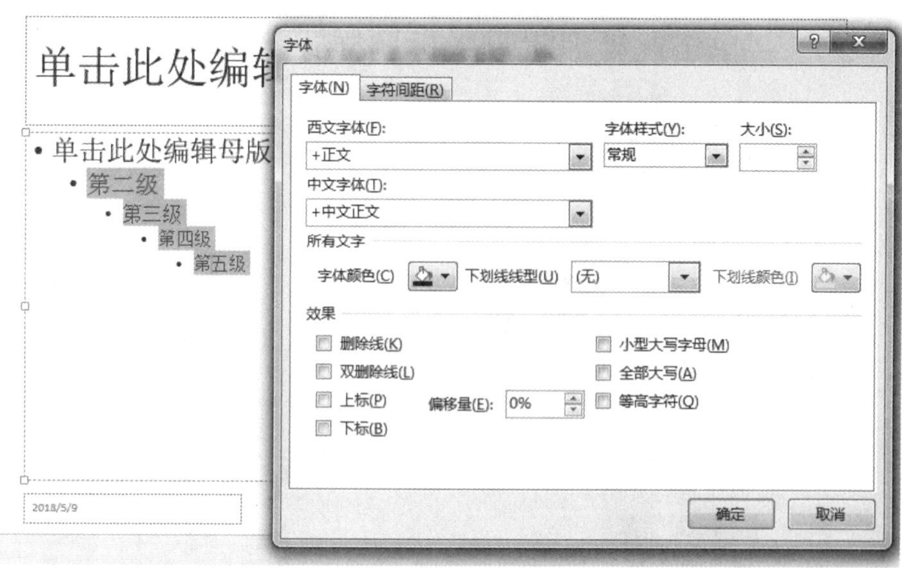

图 4–47　母版字体设计

（2）设置文本段落。选中“第二级、第三级……”等字符，右击出现快捷菜单，选中“段落”命令，在“段落”对话框中段前、段后均设置为 6 磅，单击“确定”按钮，如图 4–48 所示。

（3）设置项目符号。选中“第二级、第三级……”等字符，右击出现快捷菜单，选择“项目符号”命令，设置一种项目符号样式后，单击“确定”退出，如图 4–49 所示。

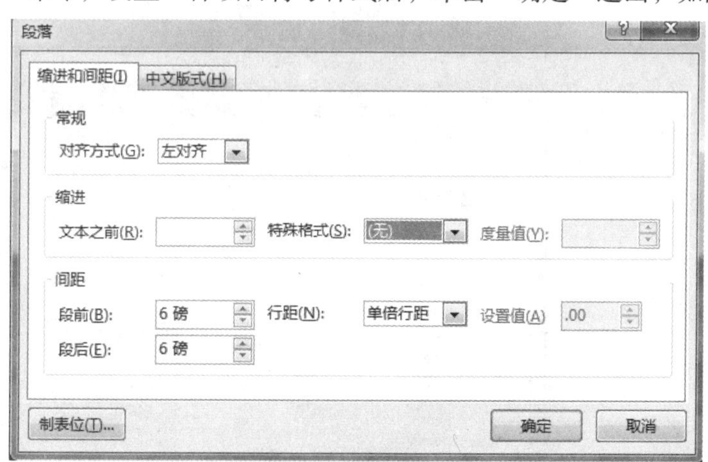

图 4–48　母版段落设计

（4）设置页眉与页脚。选择“插入”→“页眉和页脚”命令，打开“页眉和页脚”对话框，切换到幻灯片标签下，对日期区、页眉页脚区、数字区的文本进行格式化设置，如图 4–50 所示。

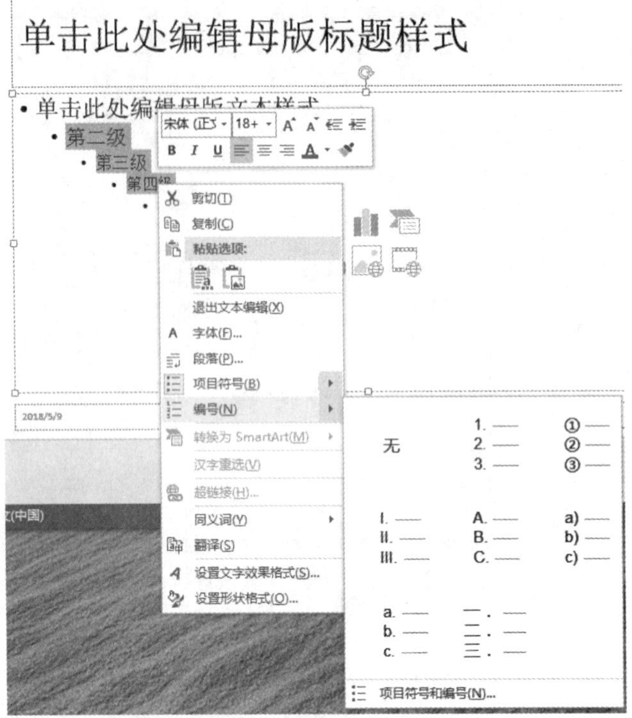

图 4-49　母版项目符号设计

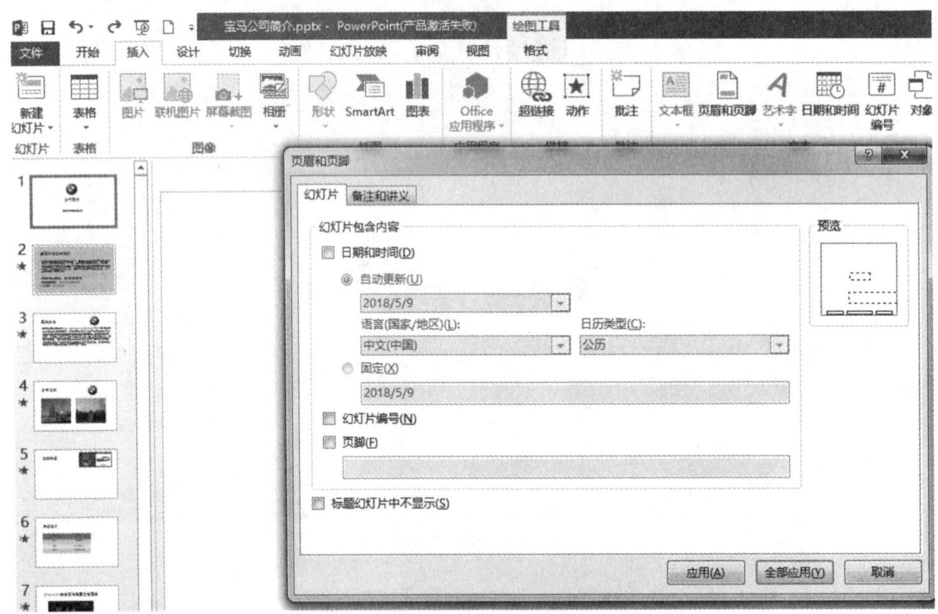

图 4-50　页眉与页脚设置示意图

将日期时间设置为自动更新，并且在页脚位置添加幻灯片编号。

(5) 设置公司 Logo。在母版第 1 页上插入"宝马公司 logo.jpg"图片。母版设计完成后，关闭母版设计，回到常规页面视图。

2. 演示文稿的打印

选择“文件”→“打印”命令，进入“打印”界面，如图 4–51 所示，将打印选项设置为水平打印 9 页。

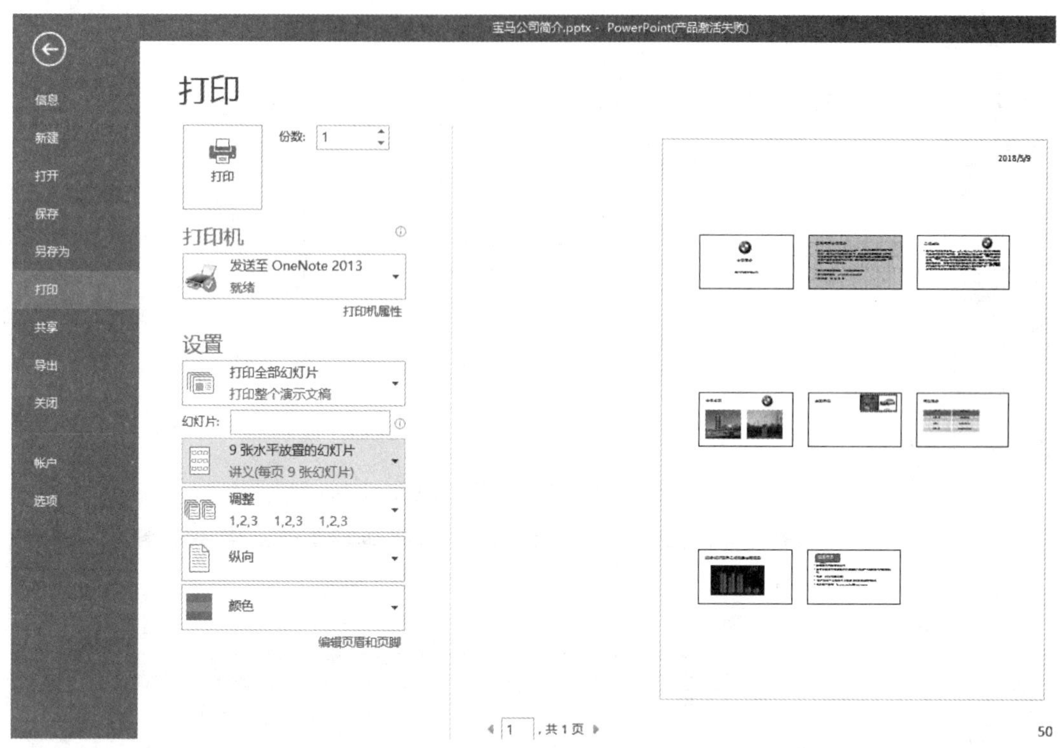

图 4–51 “打印”界面

3. 保存演示文稿

选择“文件”→“导出”命令，2013 版本的演示文稿提供了多种导出方式，如图 4–52 所示。

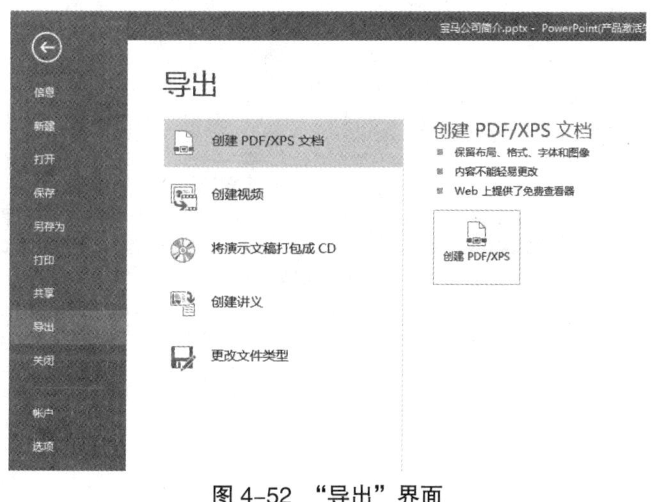

图 4–52 “导出”界面

下面以保存成视频为例，详细介绍保存过程。单击“创建视频”按钮，如图 4–53 所示。单击“创建视频”按钮，将演示文稿制作成 MP4 视频文件，如图 4–54 所示。

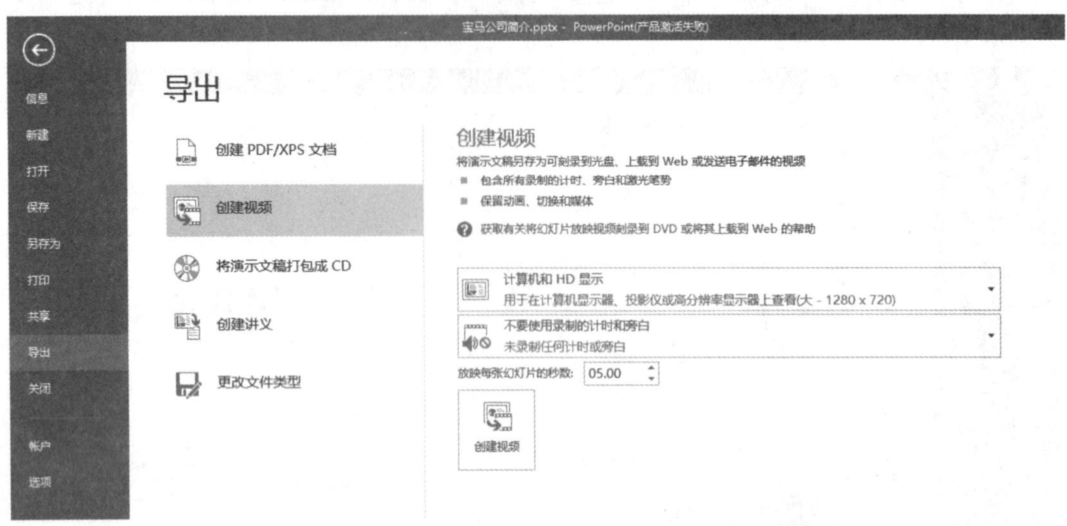

图 4–53 “创建视频”界面

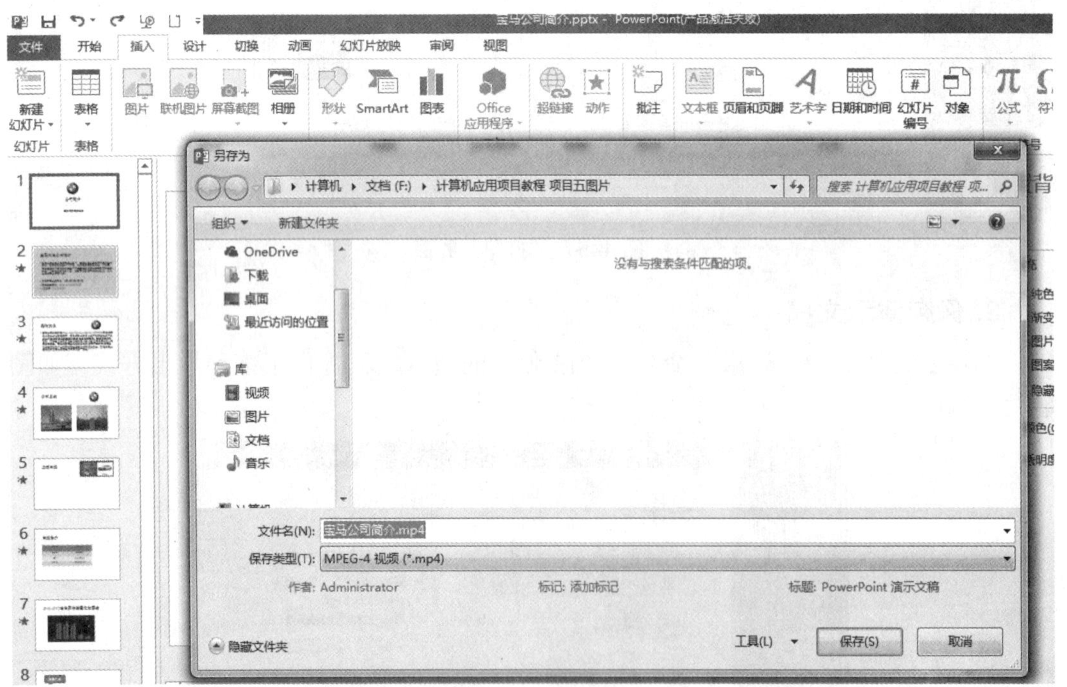

图 4–54 保存视频

在保存文件的目录下找到保存的“宝马公司简介 .mp4”文件，执行该文件即可放映演示文稿。

知识拓展

1. 幻灯片母版的制作

母版主要用于制作具有统一标志和背景的内容，幻灯片母版决定着幻灯片的外观，用于设置幻灯片的标题、正文文字等样式，包括字体、字号、字体颜色、阴影等效果，也可以设置幻灯片的背景、页眉页脚等。也就是说，幻灯片母版可以为所有幻灯片设置默认的版式。

在 PowerPoint 2013 中有 3 种类型的母版，分别是幻灯片母版、讲义母版和备注母版。

（1）幻灯片母版。幻灯片母版是存储模板信息的设计模板的一个元素。幻灯片母版中的信息包括字形、占位符大小和位置、背景设计和配色方案。用户通过更改这些信息，就可以更改整个演示文稿中幻灯片的外观。

单击“视图”选项卡的“幻灯片母版”按钮，打开幻灯片母版视图，如图 4–55 所示。

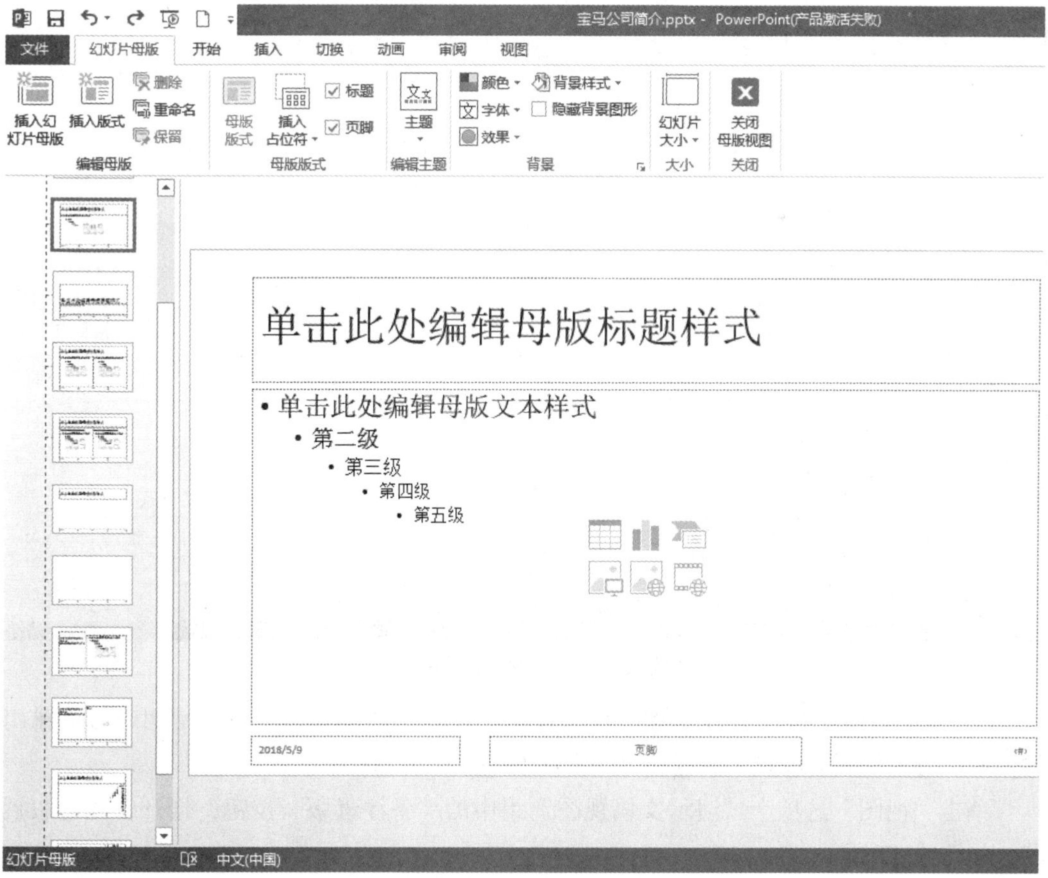

图 4–55　幻灯片母版视图

（2）讲义母版。讲义母版是为制作讲义而准备的，通常需要打印输出，因此讲义母版的设置大多和打印页面有关。它允许设置一页讲义中包含几张幻灯片，设置页眉、页脚、页码等基本信息。在讲义母版中插入新的对象或者更改版式时，新的页面效果不会反映在其他母版视图中。

单击“视图”选项卡“演示文稿视图”组中的“讲义母版”按钮，打开“讲义母版”视图，如图 4–56 所示。

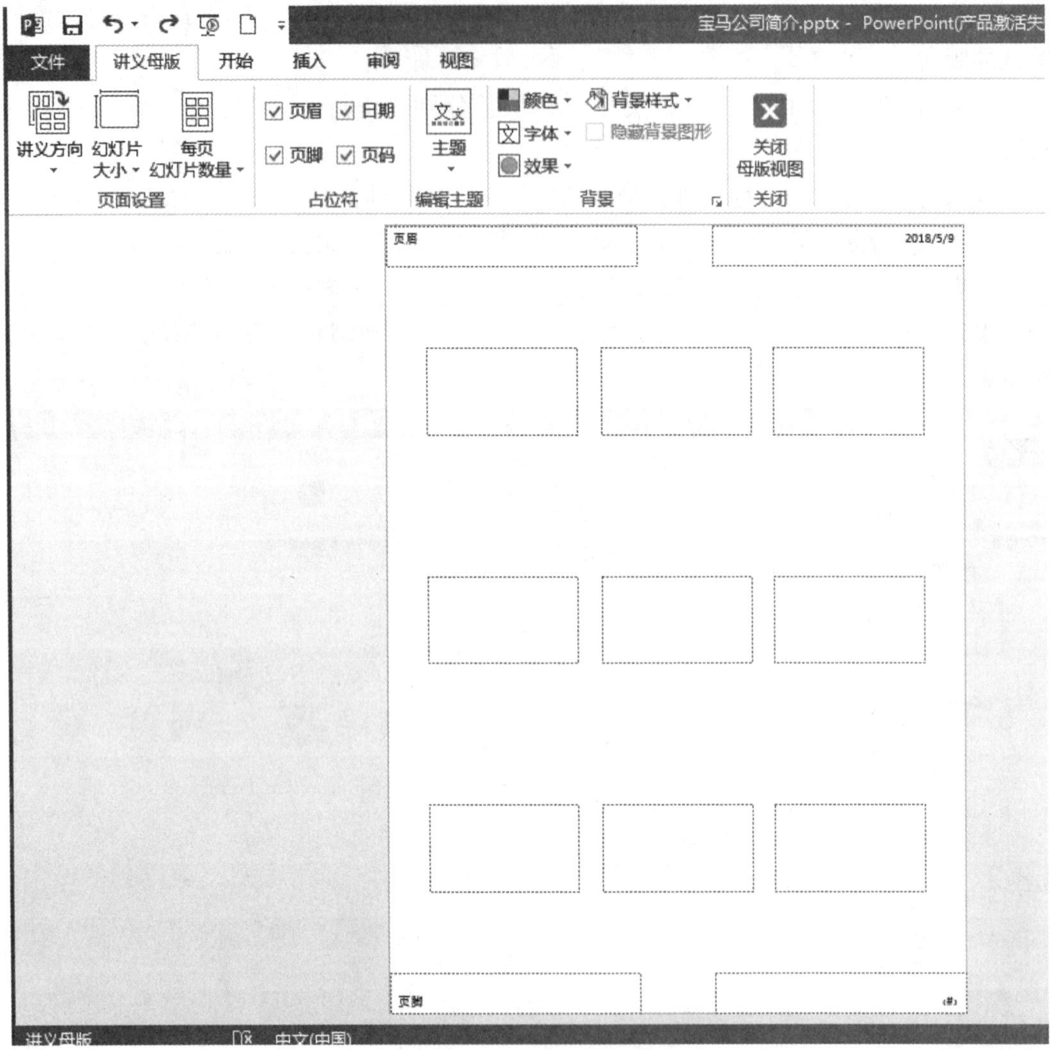

图 4–56 “讲义母版”视图

（3）备注母版。备注母版主要用来设置幻灯片的备注格式，一般也是用来打印输出的，所以备注母版的设置大多也和打印页面有关。

单击“视图”选项卡“演示文稿视图”组中的“备注母版”按钮，打开备注母版视图，如图 4–57 所示。

2. 页眉和页脚的设置

在制作幻灯片时，用户可以利用 PowerPoint 提供的页眉页脚功能，为每张幻灯片添加相对固定的信息，如在幻灯片的页脚处添加页码、时间、公司名称等内容。

在“插入”选项卡的“文本”组中单击“页眉和页脚”按钮，打开“页眉和页脚”对话框，在“页眉和页脚”对话框中可设置日期和时间、编号和语言等。

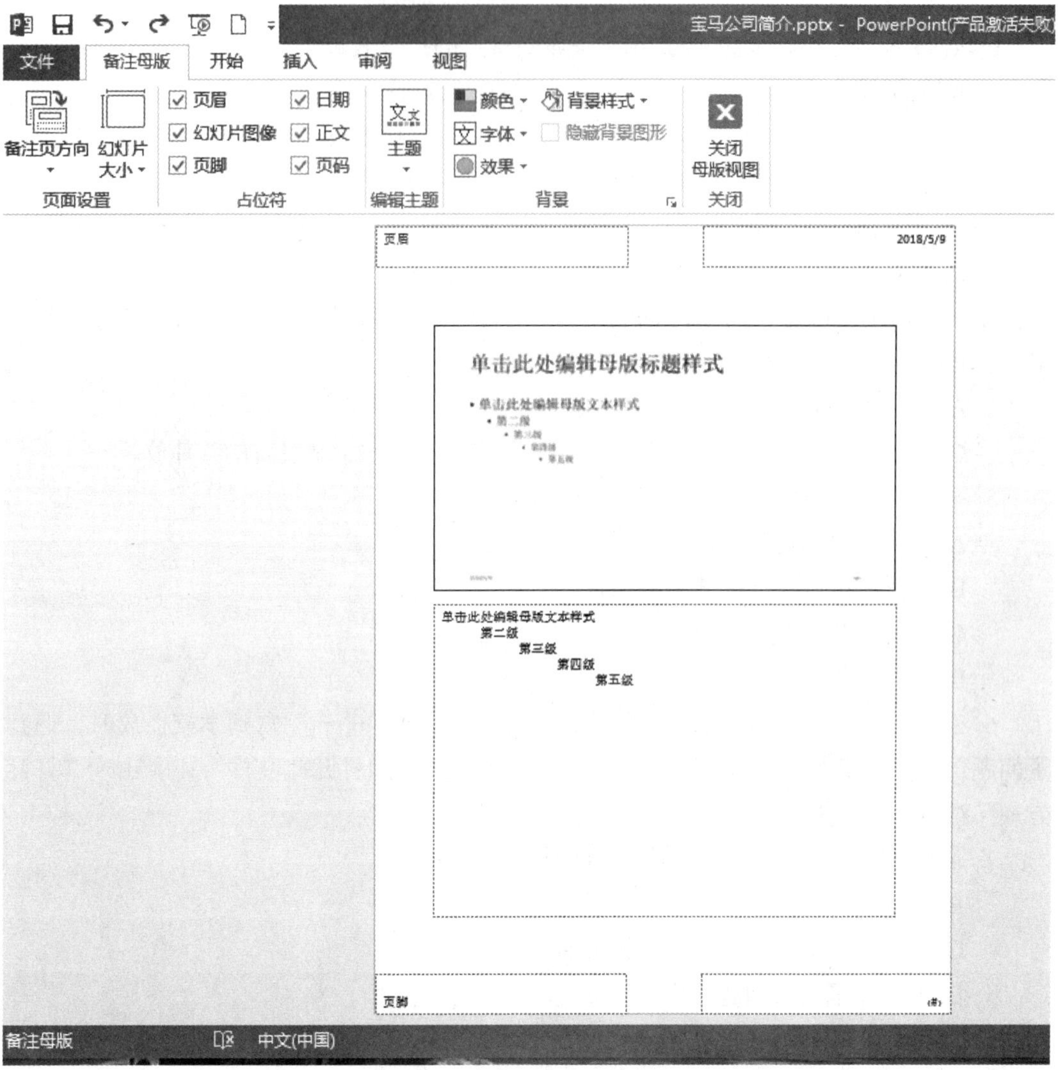

图 4–57 “备注母版”视图

习题

一、选择题

1. 下图文字“信息技术”是在 PowerPoint 的文本框中，则鼠标在文本框的哪个位置状态拖动可以实现文本框文字位置的移动（　　）。

信息技术	信息技术	信息技术	信息技术
A	B	C	D

A. 选项 A　　　　B. 选项 B

C. 选项 C　　　　D. 选项 D

2. PowerPoint 中哪种视图模式用于查看幻灯片的播放效果（　　）。

A. 大纲模式　　　　B. 幻灯片模式

C. 幻灯片浏览模式　　　　D. 幻灯片放映模式

3. 在空白幻灯片中，不可以直接插入（　　）。

A. 文本框　　　　B. 艺术字

C. 文字　　　　D. 表格

4. 在 PowerPoint 中，对于已创建的多媒体演示文档可以用（　　）命令转移到其它未安装 PowerPoint 的机器上放映。

A. 文件 / 打包成 CD　　　　B. 文件 / 发送

C. 编辑 / 复制　　　　D. 幻灯片放映 / 设置幻灯片放映

5. 关于自定义动画的设置，以下不正确的说法是（　　）。

A. 各种对象均可设置动画效果

B. 同时还可设置动画效果的声音

C. 可将对象设置成播放后隐藏

D. 自定义动画设置后，先后顺序不可改变

6. 王磊把在家里制作好的多媒体演示文稿“班级简介 .ppt”拿到学校播放时，遇到了问题：双击“班级简介 .ppt”图标后，系统提示“不能打开此文件”或者出现“打开方式”对话框，可能的原因是（　　）。

A. 没有将有关的音频文件复制到学校的电脑中

B. 电脑没有上网

C. 该电脑没有安装 PowerPoint 软件

D. 电脑显示器有问题，出现故障

7. PowerPoint 中，关于在幻灯片中插入多媒体对象的说法中错误的是（　　）。

A. 可以插入剪辑管理器中的声音　　　　B. 可以插入文件中的声音

C. 可以插入文件中的影片　　　　D. 不可以录制声音

8. 要使幻灯片在放映时实现在不同幻灯片之间的跳转，需要为其设置（　　）。

A. 超级链接　　　　B. 自定义动画

C. 幻灯片切换　　　　D. 录制旁白

9. 在 PowerPoint 中，能够完成对个别幻灯片进行设计或修饰的功能是（　　）。

A. 背景　　B. 幻灯片版式
C. 应用设计模板　　D. 以上都是

10. 如果要从一个幻灯片淡入到下一个幻灯片，应使用菜单“幻灯片放映”中的(　　)命令进行设置。

A. 动作按钮　　B. 预设动画
C. 幻灯片切换　　D. 自定义动画

11. 在幻灯片中，若将已有的一幅图片放置在标题文本框的下面，则正确的操作方法是：选中“图片”对象，单击“叠放次序”命令中(　　)。

A. 置于文字上方　　B. 置于文字下方
C. 置于顶层　　D. 置于底层

12. 在 PowerPoint 中，当幻灯片放映时，可以按(　　)键终止放映。

A. Esc　　B. Ctrl
C. Del　　D. Shift

13. 在 PowerPoint 中幻灯片浏览视图下，按住 Ctrl 并拖动某幻灯片，可以完成的操作是(　　)。

A. 移动幻灯片　　B. 删除幻灯片
C. 复制幻灯片　　D. 选定幻灯片

14. 用 PowerPoint 制作的演示文稿默认的扩展名是(　　)。

A. pwp　　B. ppt
C. ppn　　D. Pop

15. 关于 PowerPoint 2013 的母版，以下说法中错误的是(　　)。

A. 可以自定义幻灯片母版的版式
B. 可以对母版进行主题编辑
C. 可以对母版进行背景设置
D. 在母版中插入图片对象后，在幻灯片中可以根据需要进行编辑

16. 关于 PowerPoint 2013 的自定义动画功能，以下说法错误的是(　　)。

A. 各种对象均可设置动画　　B. 动画设置后，先后顺序不可改变
C. 同时还可配置声音　　D. 可将对象设置成播放后隐藏

17. PowerPoint 2013 中，从当前幻灯片开始放映的快捷键是(　　)。

A. F2　　B. F5
C. Shift+F5　　D. Ctrl+P

18. 在 PowerPoint 2013 中，幻灯片视图窗格中，要删除选中的幻灯片，不能实现的操作是(　　)。

A. 按下键盘上的 Delete 键
B. 按下键盘上的 BackSpace 键

C. 右键菜单中的“隐藏幻灯片”命令

D. 右键菜单中的“删除幻灯片”命令

19. 在 PowerPoint 2013 中，大纲视图窗格中输入演示文稿的标题时，执行下列哪项操作，可以在幻灯片的大标题后面输入小标题（　　）。

A. 右键“升级”

B. 右键“降级”

C. 右键“上移”

D. 右键“下移”

20. 当双击某文件夹内一个 PPT 文档时，就直接启动该 PPT 文档的播放模式，这说明（　　）。

A. 这是 PowerPoint 2013 的新增功能

B. 在操作系统中进行了某种设置操作

C. 该文档是 PPSX 类型，是属于放映类型文档

D. 以上说法都对

二、填空题

1. 演示文稿幻灯片有 ________、________、________、________ 等视图。

2. 幻灯片的放映有 ________ 种方法。

3. PowerPoint 2013 中，在浏览视图下，按住 Ctrl 并拖动某幻灯片，可以完成 ________ 操作。

4. 在 PowerPoint 2013 中，在幻灯片浏览视图下可以通过快捷键 ________ 将幻灯片删除。

5. 在幻灯片的视图中，向幻灯片插入图片，选择 ________ 菜单的图片命令，然后选择相应的命令。

6. 在放映时，若要中途退出播放状态，应按 ________ 功能键。

7. 在 PowerPoint 2013 中，为每张幻灯片设置切换声音效果的方法是使用“幻灯片放映”菜单下的 ________。

8. 按行列显示并可以直接在幻灯片上修改其格式和内容的对象是 ________。

9. 在 PowerPoint 2013 中，能够观看演示文稿的整体实际播放效果的视图模式是 ________。

10. 退出 PowerPoint 2013 的快捷键是 ________。

三、判断题

1. PowerPoint 2013 文档在保存时也可也设置密码对它加以保护。

2. 在 PowerPoint 2013 中播放声音，只能随幻灯片放映一起进行，不能选择其他方式。

3. 在 PowerPoint 2013 中插入的图表只能是直方图。

4. 在 PowerPoint 2013 中，只能插入 GIF 文件的图片动画，不能插入 Flash 动画。

5. 在 PowerPoint 2013 中，可以为不同页面的对象设置动画效果

6. 在 PowerPoint 2013 中，文字只能输入到文本框中。

7. 在 PowerPoint 2013 中，设置动画是提高演示效果的主要手段。

8. PowerPoint 2013 的幻灯片必须人工手动放映。

9. PowerPoint 2013 文件保存类型可以是 PPT、HTML、PPS。

10. 在 PowerPoint 2013 中播放声音，只能随幻灯片放映一起进行，不能选择其他方式。

四、操作题

1. 用 PowerPoint 2013 制作一个含有两张幻灯片的演示文稿，主文件名取为“1–4”，扩展名缺省。要求：

（1）第一张幻灯片版式为“标题幻灯片”，标题为“计算机应用基础”（楷体_GB2312、60 磅、红色），副标题为“主讲人：比尔・盖茨”；第二张幻灯片版式为“文本与剪贴画”，标题为“计算机的组成”，在左侧文本区中输入文字“显示器、主机、键盘、鼠标等”，右侧剪贴画为“办公室”类别中的“计算机”。

（2）将全部幻灯片的背景设置为“蓝色”。

（3）设置幻灯片切换方式为“横向棋盘式”，设置动画为“回旋”方式，设置放映方式为“循环放映”。

2. 在打开的演示文稿中新建一张幻灯片，选择版式为“空白”，并完成以下操作。

（1）设置幻灯片的高度为 20 厘米，宽度为 25 厘米。

（2）在新建演示文稿中插入任意一幅图片，调整适当大小，然后插入任意样式的艺术字，内容为“休息一下”。

（3）插入一版式为“空白”的幻灯片，将插入第 1 页中的图片复制到第 2 页，并将图片的高度设置为 11.07 厘米，宽度设置为 10 厘米。

（4）插入一水平文本框，输入内容为“现在开始计时”，设置字号（48），字形（加粗、斜体下划线），对齐方式（居中对齐）。

（5）在第 2 页插入一垂直文本框，在其中输入“我们可以休息到十二点钟”，并调整到适当位置。

（6）把两张幻灯片的背景设为“漫漫黄沙”。

（7）设置所有幻灯片的切换效果为“水平百叶窗”。

3. 用 PowerPoint 2013 制作一个含有三幻灯片的演示文稿，主文件名取为“2–4”，扩展名缺省。要求：

（1）第一张幻灯片版式为“标题幻灯片”，标题为“个人简介”，文字分散对齐、“倾斜”、“粗体”、“阴影”；副标题分为“基本信息”和“个人简历”两行文字；第二张幻灯

片版式为“标题和表格”，标题为“基本信息”，表格内输入个人基本信息，例如姓名、性别、年龄、联系地址等；第三张幻灯片版式为“只有标题”，标题为“个人简历”，插入一个文本框，输入个人简历。

（2）将第一张幻灯片两个副标题设置成超级链接，分别链接到第二张和第三张幻灯片；在第二张幻灯片右下角处插入自选图形——“第一张”动画按钮，并将其设置成超级链接到第一张幻灯片，然后再将其复制到第三张幻灯片上。

（3）第一张幻灯片背景填充预设颜色为“漫漫黄沙”，底纹样式为“斜下”，“右下角飞入”。

（4）第二张幻灯片版式为“文本与剪贴画”，背景填充纹理为“羊皮纸”。

项目五　网络办公

【项目要点】

随着科学技术的发展，网络给人们的生活、工作带来了极大的方便。用户要想实现网络化协同办公和局域网内资源的共享，首要任务就是组建办公局域网。通过对局域网进行私有和公用资源的分配，可以使办公资源合理利用，从而节省开支，提高办公的效率。本项目共有3个任务题目，主要从以下几个方面考查学生的学习情况。

1. 掌握组建局域网的相关知识。
2. 学会借助外部网络或辅助办公，提高办公的效率。
3. 掌握使用Outlook收/发邮件、使用网页邮箱、使用QQ等协同办公的方法。

任务1　管理局域网

任务目的

1. 掌握修改无线网络名称和密码。
2. 熟悉网速测试方式。
3. 掌握安全使用免费Wi-Fi。
4. 掌握路由器的智能管理。

任务内容

本任务中学习测试网速以及安全使用免费Wi-Fi。通过本任务的学习，能够使用“360宽带测速器”，会修改无线网络名称和密码，能对IP的带宽进行控制。

任务步骤

局域网搭建完成后，网速情况、无线网密码和名称、带宽控制等都可能需要进行管理，以满足公司的使用，本任务主要介绍一些常用的局域网管理内容。

1. 网速测试

网速的快慢一直是用户较为关心的，在日常使用中，可以自行对带宽进行测试，本任务主要介绍如何使用“360 宽带测速器”进行测试。

（1）打开 360 安全卫士，单击其主界面上的“宽带测速器”图标，如图 5–1 所示。

如果软件主界面上没有该图标，请单击“更多”超链接，进入“全部工具”界面下载。

（2）打开“360 宽带测速器”工具，软件自动进行宽带测速，如图 5–2 所示。

图 5–1　360 安全卫士

图 5–2　360 宽带测速器

（3）测试完毕后，软件会显示网络的接入速度。用户还可以依次测试长途网络速度、网页打开速度等。

如果个别宽带服务商采用域名劫持、下载缓存等技术方法，测试值可能高于实际网速。

2. 修改无线网络名称和密码

经常更换无线网名称有助于保护用户的无线网络安全，防止别人蹭网。下面以 TP–Link 路由器为例，介绍修改的具体步骤。

（1）打开浏览器，在地址栏中输入路由器的管理地址，如 http://192.168.1.1 按“Enter”键，进入路由器登录界面，输入管理员密码，单击“确认”按钮，如图 5–3 所示。

（2）单击“无线设置”→“基本设置”选项，进入无线网络基本设置界面，在

“SSID 号”文本框中输入新的网络名称，单击“保存”按钮，如图 5-4 所示。

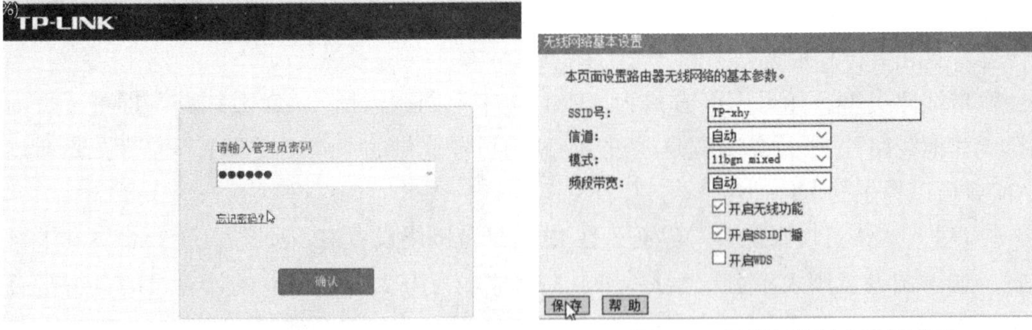

图 5-3　路由器登录界面　　　　图 5-4　无线网络基本设置界面

如果仅修改网络名称，单击“保存”按钮后，根据提示重启路由器即可。

（3）单击左侧“无线安全设置”超链接进入无线网络安全设置界面，在“WPA-PSK/WPA2-PSK”下面的“PSK 密码”文本框中输入新密码，单击“保存”按钮，然后单击按钮上方出现的“重启”超链接，如图 5-5 所示。

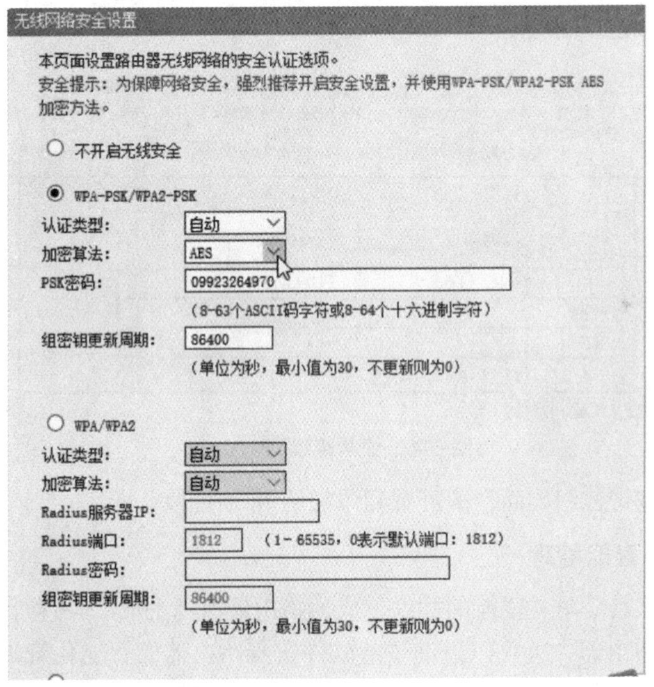

图 5-5　无线网络安全设置界面

（4）进入“重启路由器”界面，单击“重启路由器”按钮，将路由器重启即可。

3. IP 的带宽控制

在局域网中，如果希望限制其他 IP 的网速，除了使用 P2P 工具外，还可以使用路由器的 IP 流量控制功能来管控。

（1）打开浏览器，进入路由器后台管理界面，单击左侧的“IP 带宽控制”超链接，单击“添加新条目”按钮。

在 IP 带宽控制界面，选择“开启 IP 带宽控制”复选框，可以设置宽带线路类型、上行总带宽和下行总带宽。

宽带线路类型，如果上网方式为 ADSL 宽带上网，选择“ADSL 线路”即可，否则选择“其他线路”。下行总带宽是通过 WAN 口可以提供的下载速度。上行总带宽是通过 WAN 口可以提供的上传速度。

（2）进入“条目规则配置”界面，在 IP 地址范围中设置 IP 地址段、上行带宽和下行带宽，如下图设置则表示分配给局域网内 IP 地址为 192.168.1.100 的计算机的上行带宽最小为 128Kbit/s、最大为 256Kbit/s，下行带宽最小为 512Kbit/s、最大为 1024Kbit/s。设置完毕后，单击“保存”按钮。

（3）如果要设置连续 IP 地址段，如图 5-6 所示，设置了 101 ～ 103 的 IP 段，表示局域网内 IP 地址为 192.168.1.101 到 192.168.1.103 的三台计算机的带宽总和为上行带宽最小 256Kbit/s、最大 512Kbit/s，下行带宽最小 1024Kbit/s、最大 2048Kbit/s。

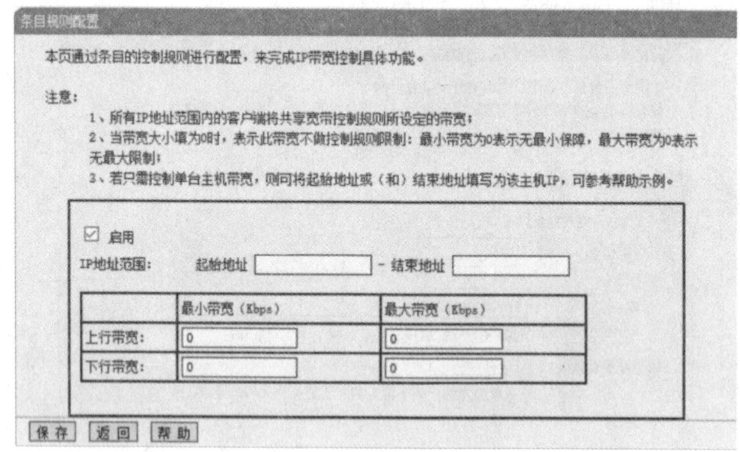

图 5-6　设置连续 IP 地址段

（4）返回 IP 宽带控制界面，即可看到添加的 IP 地址段。

4. 路由器的智能管理

智能路由器以其简单、智能的优点，成为路由器市场上的“香饽饽”，如果用户现在使用的不是智能路由器，也可以借助一些软件实现路由器的智能化管理。本任务介绍的 360 路由器卫士可以让用户简单且方便地管理网络，如图 5-7 所示。

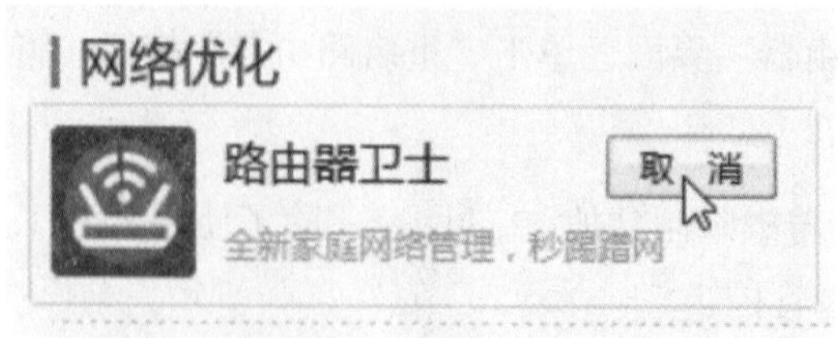

图 5-7　路由器卫士

（1）打开浏览器，在地址栏中输入 http://i wifi.360.cn，进入路由器卫士主页，单击“电脑版下载”超链接。

如果使用的是最新版本 360 安全卫士，会集成该工具，在“全部工具”界面可找到，则不需要单独下载并安装。

（2）打开路由器卫士，首次登录时，会提示输入路由器账号和密码。输入后，单击“下一步”按钮，如图 5-8 所示。

图 5-8　登录界面

（3）此时，即可进入“我的路由”界面。用户可以看到接入该路由器的所有连网设备及当前网速，如果需要对某个 IP 进行带宽控制，在对应的设备后面单击“管理”按钮，如图 5-9 所示。

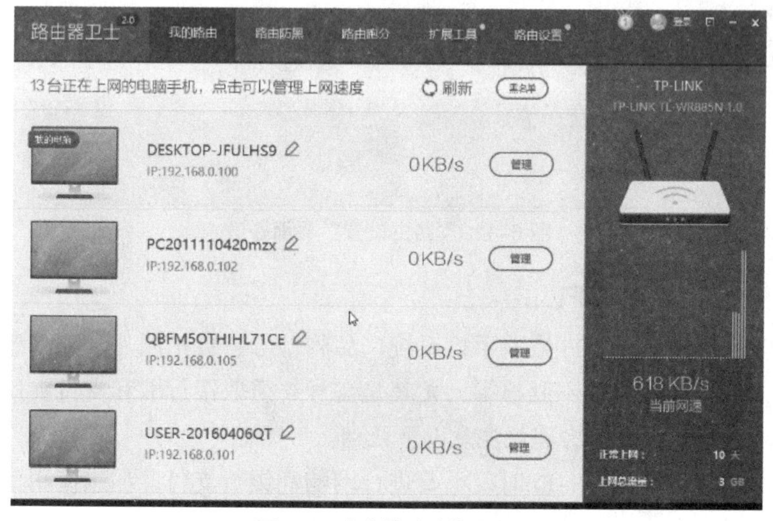

图 5-9　“我的路由”界面

（4）打开该设备管理对话框，在网速控制文本框中输入限制的网速，单击“确认”按钮。如图 5-10 所示。

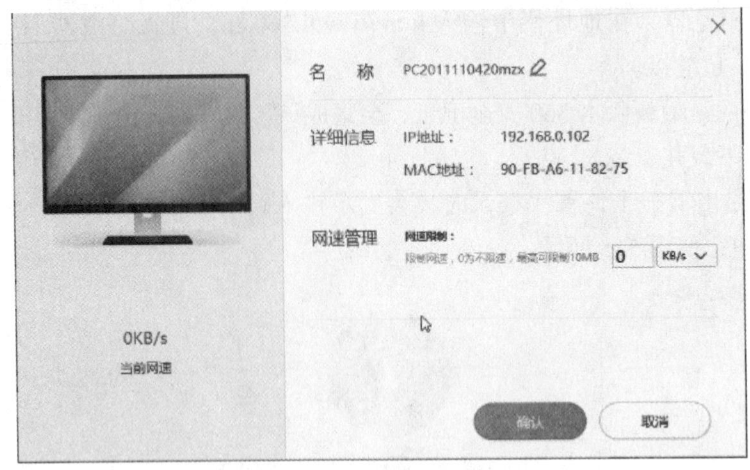

图 5-10 设备管理对话框

（5）返回“我的路由”界面，即可看到列表中该设备上显示“已限速”提示。

（6）同样，用户可以对路由器做防黑检测、设备跑分等。用户可以在“路由设置”界面备份上网账号、快速设置无线网及重启路由器等，如图 5-11 所示。

图 5-11 “路由设置”界面备份

5. 安全使用免费 Wi-Fi

黑客可以利用虚假 Wi-Fi 盗取手机系统、品牌型号、自拍照片、邮箱账号密码等各类隐私数据，像类似的事件不胜枚举，尤其是盗号、窃取银行卡和支付宝信息、植入病毒等，在使用免费 Wi-Fi 时，建议注意以下几点。

在公共场所使用免费 Wi-Fi 时，不要进行网购和银行支付，尽量使用手机流量进行支付。

警惕同一地方出现多个相同的 Wi-Fi，很有可能是诱骗用户信息的钓鱼 Wi-Fi。

在购物，进行网上银行支付时，尽量使用安全键盘，不要使用网页之类的。

在上网时，如果弹出不明网页，让输入个人私密信息时，请谨慎，及时关闭 WLAN 功能。

6. 将电脑转变为无线路由器

如果电脑可以上网，即使没有无线路由器，也可以通过简单的设置将电脑的有线网络转为无线网络，但是前提是台式电脑必须装有无线网卡。笔记本电脑自带有无线网卡，如果准备好后，可以参照以下操作创建 Wi-Fi，实现网络共享。

（1）打开 360 安全卫士主界面，然后单击“更多”超链接，如图 5-12 所示。

图 5-12　360 安全卫士主界面

（2）在打开的界面中单击“360 免费 Wi-Fi”图标按钮，进行工具添加，如图 5-13 所示。

图 5-13　“360 免费 Wi-Fi”图标按钮

（3）添加完毕后，弹出“360 免费 Wi-Fi”对话框，用户可以根据需要设置 Wi-Fi 名称和密码，如图 5-14 所示。

图 5-14 “360 免费 Wi-Fi”对话框

(4) 单击“已连接的手机”可以看到连接的无线设备。

知识拓展

计算机网络由硬件、软件两部分组成。硬件包括各种计算机、网络互联设备和传输介质；软件包括操作系统、协议和应用软件。

1. 计算机网络的硬件组成

组成计算机网络的硬件主要有计算机（包括服务器和客户机）、传输介质和网络互联设备 3 个部分。

(1) 服务器和客户机

服务器是在网络中运行操作系统、提供服务的计算机，一般由大型机、小型机或高档微型机担任，对容量、速度有较高的要求。

客户机是网络的终端，用户通过客户机去访问网络资源和享受网络服务。客户机一般是微型机，对性能要求不高。

(2) 传输介质

传输介质可以分为有线介质和无线介质。有线介质包括双绞线、同轴电缆、光缆等；无线介质包括红外线、电磁波等。

（3）网络互联设备

网络互联设备是指连接计算机与传输介质、网络与网络的设备。常用的设备有网卡、调制解调器、路由器、交换机等。

2. 计算机网络的软件

在网络系统中，各节点要实现相互之间的通信及资源共享，就必须有控制信息传输的协议，以及对网络资源进行协调和管理的网络软件工具。网络软件的作用就是实现网络协议，并在协议的基础上管理网络、控制通信、提供网络功能和网络服务。根据功能与作用的不同，网络软件大致上可分为以下几类。

（1）网络操作系统

网络操作系统在服务器上运行，是用以实现系统资源共享、管理用户对不同资源访问的应用程序。从根本上来说。它是一种管理器，用来管理、控制资源和通信的流向。常用的网络操作系统有 Netware、Unix、Linux、Windows NT 等。

（2）网络协议

网络协议是网络设备之间进行互相通信的语言和规范。通常，网络协议由网络操作系统决定，网络操作系统不同，网络协议也不同。常用的网络协议有 Internet 包交换 / 顺序包交换（IPX/SPX）、传输控制协议 / 网际协议（TCP/IP），其中 TCP/IP 是 Internet 使用的协议。

（3）网络管理及网络应用软件

网络管理软件是用来对网络资源进行管理和对网络进行维护的软件。网络应用软件是为网络用户提供服务并为网络用户解决实际问题的软件，如远程登录、电子邮件等。

3. 常用的网络测试命令

（1）ping 命令

ping 命令工作在 OSI 参考模型的第 3 层——网络层。

ping 命令会发送一个数据包到目的主机，然后等待从目的主机接收回复数据包，当目的主机接收到这个数据包时，为源主机发送回复数据包，这个测试命令可以帮助网络管理者测试到达目的主机的网络是否连接。

ping 无法检查系统端口是否开放。

（2）telnet 命令

Telnet 工作在 OSI 参考模型的第 7 层——应用层上的一种协议，是一种通过创建虚拟终端提供连接到远程主机终端的仿真 TCP/IP 协议。这一协议需要通过用户名和口令进行认证，是 Internet 远程登录服务的标准协议。应用 Telnet 协议能够把本地用户所使用的计算机变成远程主机系统的一个终端。它提供了 3 种基本服务。

1）Telnet 定义一个网络虚拟终端为远程系统提供一个标准接口。客户机程序不必详细了解远程系统，它们只需构造使用标准接口的程序。

2）Telnet 包括一个允许客户机和服务器协商选项的机制，而且它还提供一组标准选项。

3）Telnet 对称处理连接的两端，即 Telnet 不强迫客户机从键盘输入，也不强迫客户机在屏幕上显示输出。

Telnet 可以检查某个端口是否开放。

telnet IP:Port

任务 2　使用云盘保护重要资料

任务目的

1. 熟悉百度云盘界面。
2. 掌握百度云盘上传资料的方式。
3. 掌握百度云盘分享资料的方法。
4. 熟悉创建私密连接方式。

任务内容

本任务通过使用百度云盘，能够学会使用云盘上传、分享或删除重要资料，并掌握分享文件的两种方式。

任务步骤

随着云技术的快速发展，各种云盘也竞争激烈，其中使用最为广泛的当属百度云管家、360 云盘和腾讯微云三款软件，它们不仅功能强大，而且具备很好的用户体验，下表列举了三款软件的初始容量和最大免费扩容情况，方便读者参考。

	百度云管家	360 云盘	腾讯微云
初始容量	5GB	5GB	2GB
最大免费扩容容量	2055GB	36TB	10TB
免费扩容途径	下载手机客户端送 2TB	①下载电脑客户端送 10TB ②下载手机客户端送 25TB ③签到、分享等活动赠送	①下载手机客户端送 5GB ②上传文件，赠送容量 ③每日签到赠送

上传、分享和下载是各类云盘最主要的功能，用户可以将重要数据文件上传到云盘空间，从而将其分享给其他人，也可以在不同的客户端下载云盘空间上的数据，从而方

便了不同用户、不同客户端之间的交互，下面介绍百度云盘如何上传、分享和下载文件。

1. 下载并安装“百度云管家”客户端后，在“此电脑”中双击设备和驱动器列表中的“百度云管家”图标，打开该软件，如图 5–15 所示。

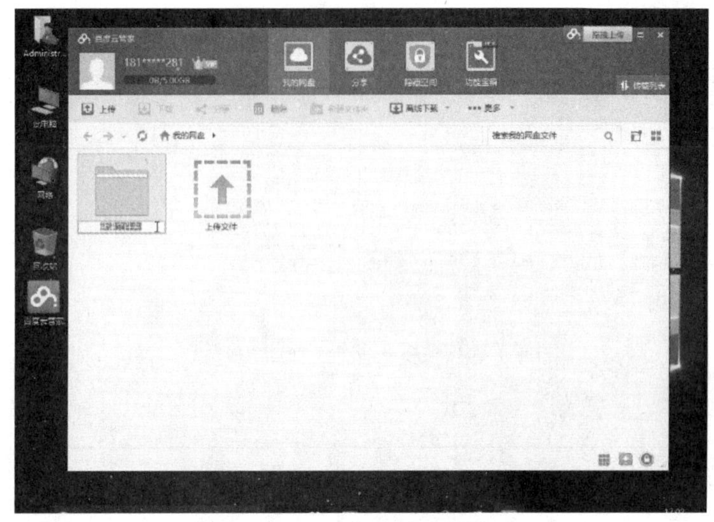

图 5–15　“百度云管家”界面

一般云盘软件均提供网页版，但是为了有更好的功能体验，建议安装客户端版。

2. 打开百度云管家客户端，在“我的网盘”界面中，用户可以新建目录，也可以直接上传文件，如这里单击“新建文件夹”按钮，新建分类目录，并命名。如下图所示新建一个名为“云备份”的目录，如图 5–16 所示。

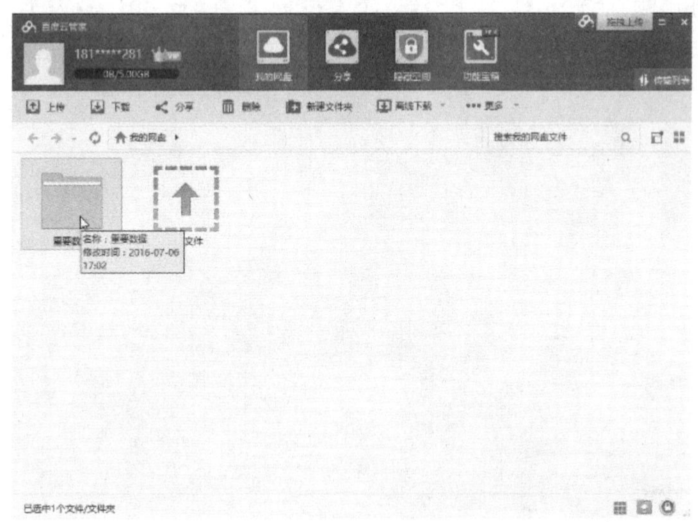

图 5–16　新建目录

3. 打开新建目录文件夹，单击“上传”按钮 上传，在弹出的“请选择文件 / 文件夹”对话框中，选择电脑中要上传的文件或文件夹，单击“存入百度云”按钮，如图 5–17 所示。

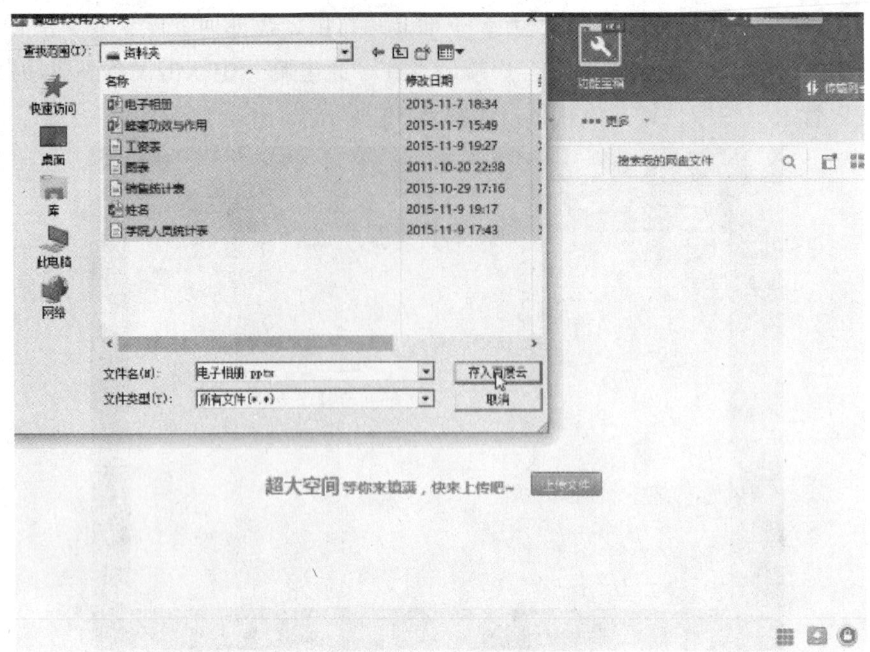

图 5–17　上传文件

4. 此时，资料即会上传至云盘中，如下图所示，如需删除未上传完的文件，单击对应文件右上角的 × 按钮即可。另外也可以单击“传输列表”按钮查看具体传输情况，如图 5–18 所示。

图 5–18　“传输列表”界面

5. 上传完毕后，选择要分享的文件，单击“分享”按钮，如图 5–19 所示。

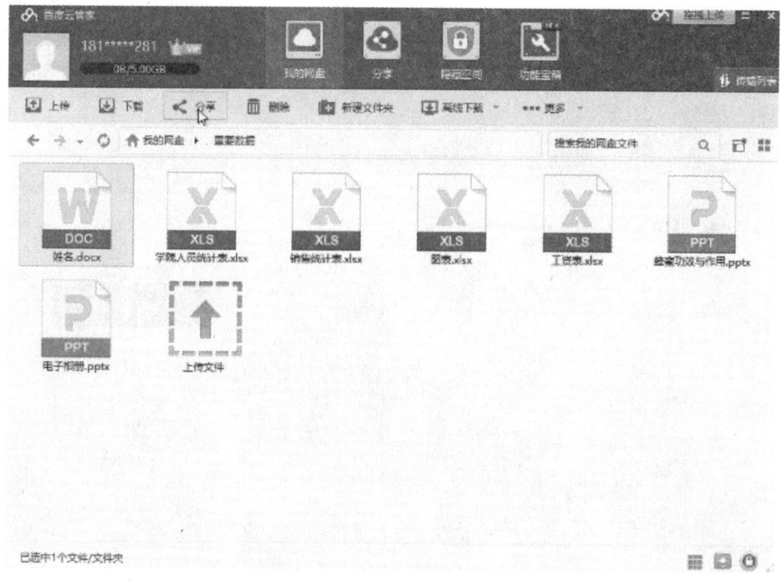

图 5-19　分享文件

6. 弹出分享文件对话框，显示了分享的两种方式：公开分享和私密分享。如果创建公开分享，该文件则会显示在分享主页，其他人都可下载，如图 5-20 所示；而私密分享，系统会自动为每个分享链接生成一个提取密码，只有获取密码的人才能通过链接查看并下载私密共享的文件。如这里单击“私密分享”选项卡下的“创建私密链接”按钮，即可看到生成的链接和密码，单击“复制链接及密码”按钮，即可将复制的内容发送给好友进行查看，如图 5-21 所示。

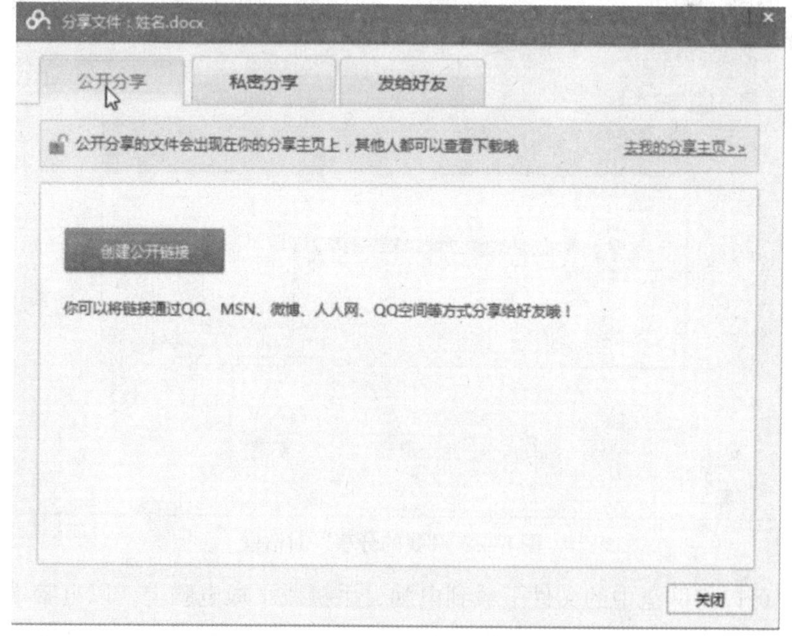

图 5-20　公开分享对话框

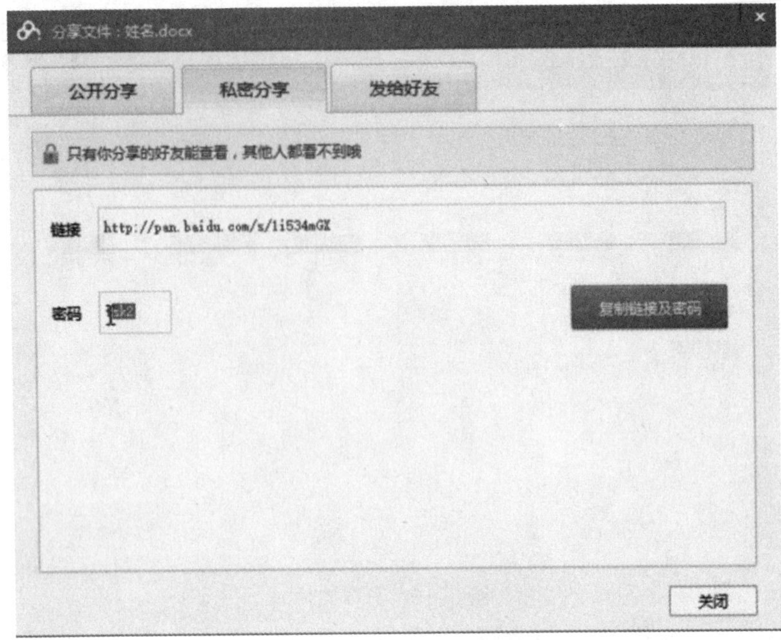

图 5-21　私密分享对话框

7. 在“我的云盘”界面，单击“分类查看”按钮，并单击左侧弹出的分类菜单“我的分享”选项，弹出“我的分享”对话框。其中列出了当前分享的文件，带有 🔒 标识，则表示为私密分享文件，否则为公开分享文件。勾选分享的文件，然后单击“取消分享”按钮，即可取消分享的文件，如图 5-22 所示。

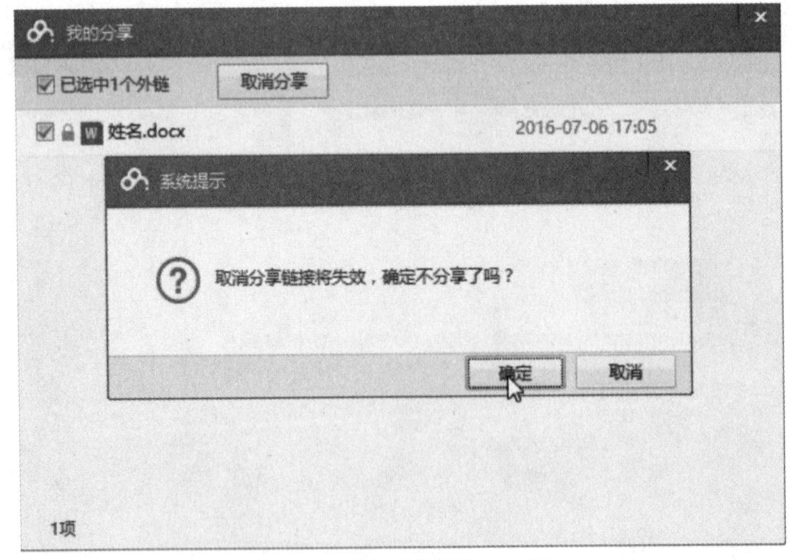

图 5-22　“我的分享”对话框

8. 用户可以将网盘中的文件下载到电脑、手机或平板电脑上，以电脑端为例。选择要下载的文件，单击“下载”按钮可将该文件下载到电脑中，如图 5-23 所示。

图 5-23　下载文件

单击“删除”按钮，可将其从云盘中删除。另外单击“设置”按钮，可在“设置”→“传输”对话框中，设置文件下载的位置、任务数和传输速度等。

知识拓展

百度云盘的特色功能

百度网盘（原百度云）是百度推出的一项云存储服务，首次注册即有机会获得 2T 的空间，已覆盖主流 PC 和手机操作系统，包含 Web 版、Windows 版、Mac 版、Android 版、iPhone 版和 Windows Phone 版，用户将可以轻松将自己的文件上传到网盘上，并可跨终端随时随地查看和分享。百度云盘的特色功能如下：

1. 折叠超大空间

百度网盘提供 2T 永久免费容量。可供用户存储海量数据。

2. 折叠文件预览

百度网盘支持常规格式的图片、音频、视频、文档文件的在线预览，无需下载文件到本地即可轻松查看文件。

3. 折叠视频播放

百度网盘支持主流格式视频在线播放。用户可根据自己的需求和网络情况选择“流畅”和“原画”两种模式。百度网盘 Android 版、iOS 版同样支持视频播放功能，让用户随时随地观看视频。

百度网盘 Web 版支持离线下载功能。已支持 http/ftp/ 电驴协议 / 磁力链和 BT 种子离线下载。通过使用离线下载功能，用户无需浪费个人宝贵时间，只需提交下载地址和种子文件，即可通过百度网盘服务器下载文件至个人网盘。

4. 折叠在线解压缩

百度网盘 web 版支持压缩包在线解压 500MB 以内的压缩包，查看压缩包内文件。同时，可支持 50MB 以内的单文件保存至网盘或直接下载。

5. 折叠快速上传

百度网盘 web 版支持最大 4G 单文件上传，充值超级会员后，使用百度网盘 PC 版可上传最大 20G 单文件。上传不限速；可进行批量操作，轻松便利。网络速度有多快上传速度就有多快。同时，还可以批量操作上传，方便实用。上传文件时，自动将要上传的文件与云端文件库进行匹配，如果匹配成功，则可以秒传，最大限度节省您的上传时间。

6. 折叠闪电互传

闪电互传是百度网盘 Android 6.2/iPhone 5.4 版本推出的数据传输功能。真正实现 0 流量，且传输速度秒杀蓝牙。通过闪电互传功能，用户可以在没有联网的情况下，将手机内的视频、游戏、图片等文件高速分享给好友。

任务 3　管理人脉

任务目的

1. 掌握添加账户的方式。
2. 掌握添加 Outlook 联系人的方式。
3. 熟悉删除联系人的方式。
4. 了解一键锁定 QQ 保护隐私。

任务内容

本任务通过使用“人脉”应用，能够掌握在“人脉”中添加账户，添加 Outlook 联系人，删除联系人，一键锁定 QQ 保护隐私等方法。

任务步骤

“人脉”应用是一站式的通讯簿和社交应用，用户可以通过单个应用实现以下所有功能：添加联系人、查看社交网络上的更新，以及在 Skype 上与朋友和家人保持联系。

1. 添加账户

要使用“人脉”应用，首先用户需要把自己的电子邮件账户添加进去，在“人脉”应用中添加账户的具体步骤如下。

（1）单击桌面左下角“开始”→“所有应用”→“人脉”菜单命令，如图 5-24 所示。

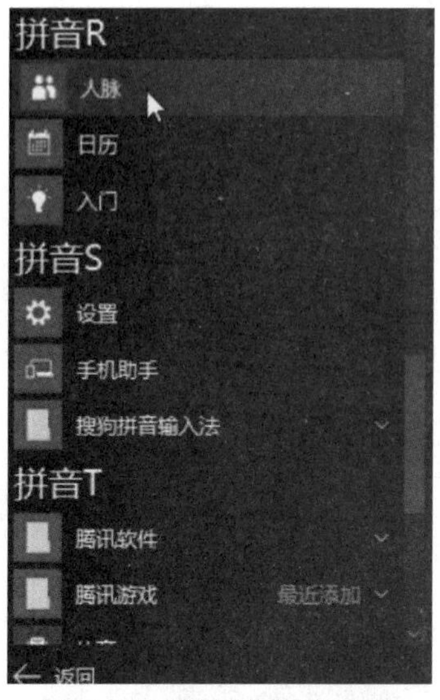

图 5-24　“人脉”菜单命令

（2）打开“人脉”应用主界面，单击“添加账户”按钮，如图 5-25 所示。

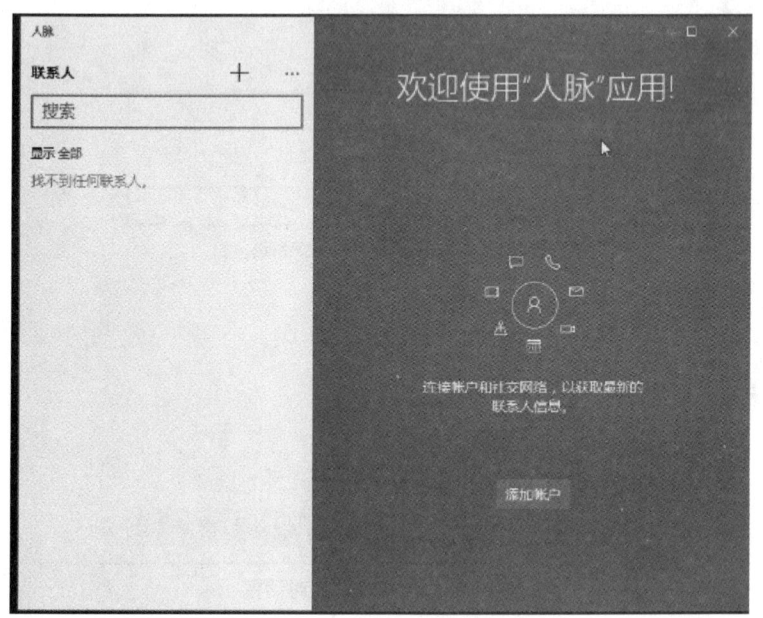

图 5-25　“人脉”应用主界面

（3）打开“选择账户”窗口，选择添加账户的类型，这里以 iCloud 账户为例，单击

“iCloud”选项，如图 5–26 所示。

图 5–26 “选择账户”窗口

（4）打开“iCloud”窗口，在“电子邮件地址”选项下输入账号，在“密码”选项下输入密码，单击“登录”按钮，如图 5–27 所示。

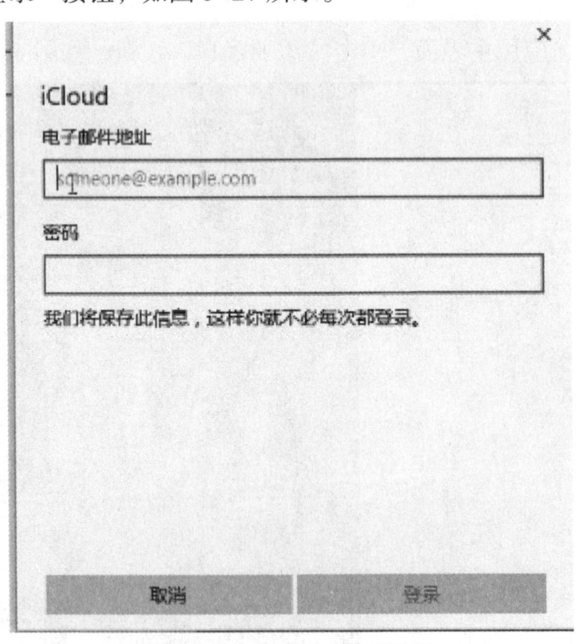

图 5–27 “i Cloud”对话框

（5）在弹出的窗口中设置一个名称，系统会在用户发送邮件时使用此名称，输入完成后单击“登录”按钮。

（6）系统弹出窗口提示账户添加完成，单击“完成”按钮即可，如图 5–28 所示。

图 5–28　账户完成界面

2. 添加 Outlook 联系人

“人脉”应用账户添加完成后，用户即可将联系人添加进去，添加联系人的具体步骤如下。

（1）打开“人脉”应用，单击页面上的“添加联系人”按钮 +，如图 5–29 所示。

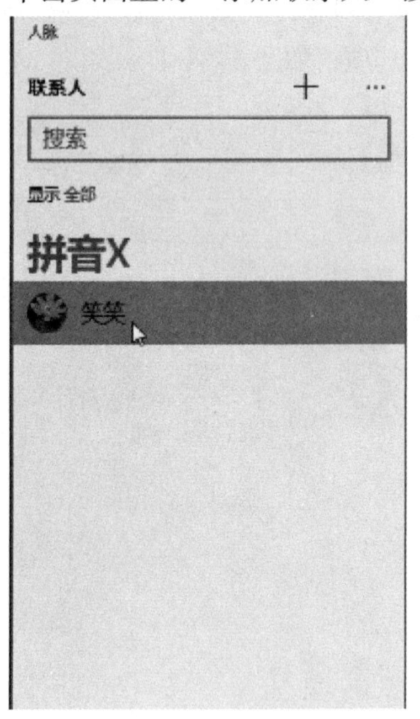

图 5–29　“添加联系人”按钮

（2）在弹出的“新建 OUTLOOK 联系人”页面输入要添加的联系人的信息，如图

5-30 所示。

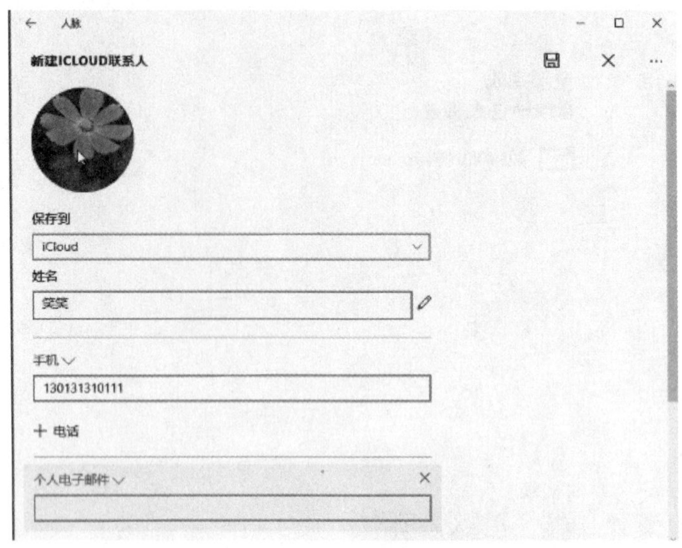

图 5-30 “新建 OUTLOOK 联系人”对话框

（3）填写完相应的信息后，单击右上角的“保存”按钮，联系人即可添加成功。

3. 删除联系人

如果用户需要删除“人脉”中的联系人，可以使用以下两种方法。

（1）从联系人列表中删除联系人

1）打开“人脉”中的联系人列表，把鼠标指针放在要删除的联系人上并右击，从弹出的快捷菜单中单击“删除”选项，如图 5-31 所示。

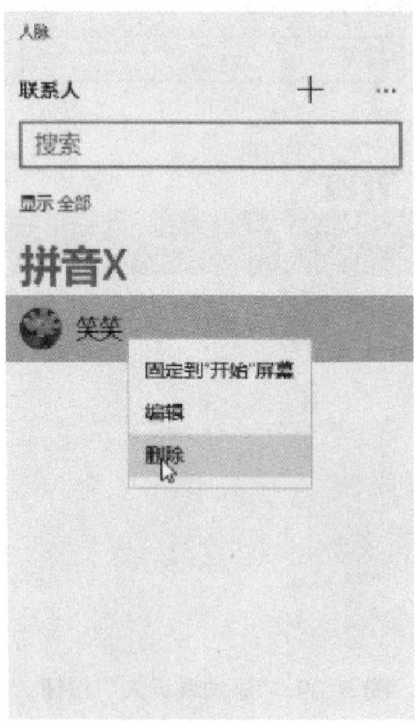

图 5-31 “删除”选项

2）在弹出的“是否删除联系人”对话框中单击“删除”按钮即可，如图 5-32 所示。

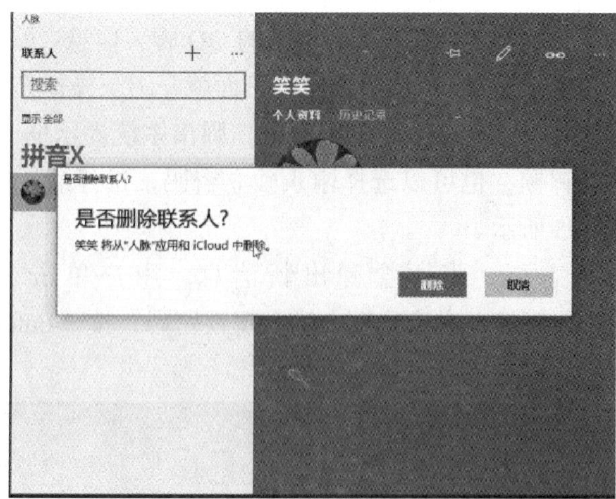

图 5-32　“是否删除联系人”对话框

（2）在联系人详情页面删除联系人

1）打开联系人详情窗口，单击右上角的“更多”按钮 ···，在出现的选项中单击“删除”按钮，如图 5-33 所示。

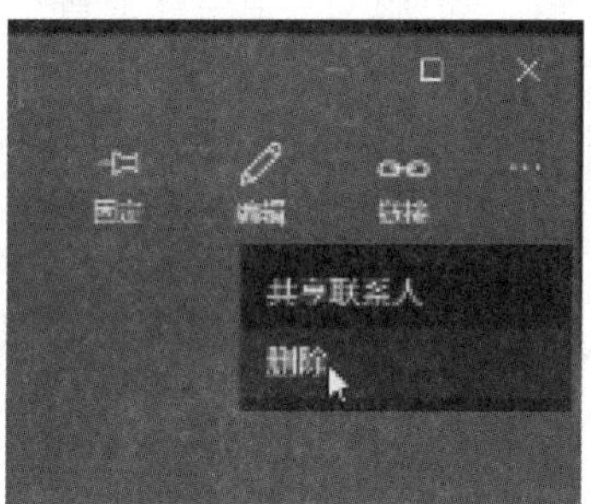

图 5-33　“删除”按钮

2）在弹出的“是否删除联系人”对话框中单击“删除”按钮即可，如图 5-34 所示。

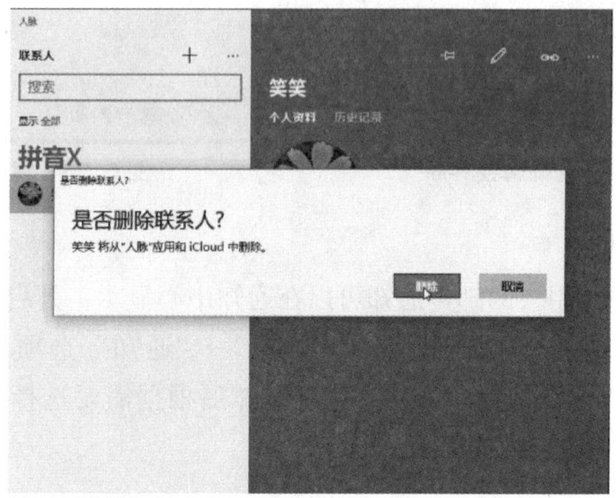

图 5-34　“是否删除联系人”对话框

4. 一键锁定 QQ 保护隐私

在自己离开电脑时，如果担心别人看到自己的 QQ 聊天信息，除了可以关闭 QQ 外，还可以将其锁定，防止别人窥探 QQ 聊天记录，下面就介绍下操作方法。

（1）打开 QQ 界面，按“Ctrl+Alt+L”组合键，弹出系统提示框，选择锁定 QQ 的方式，可以选择 QQ 密码解锁，也可以选择输入独立密码，选择后，单击“确定”按钮，即可锁定 QQ，如图 5–35 所示。

（2）在 QQ 锁定状态下，将不会弹出新消息，用户单击“解锁”图标或按“Ctrl+Alt+L”组合键进行解锁，在密码框中输入解锁密码，按“Enter”键即可解锁，如图 5–36 所示。

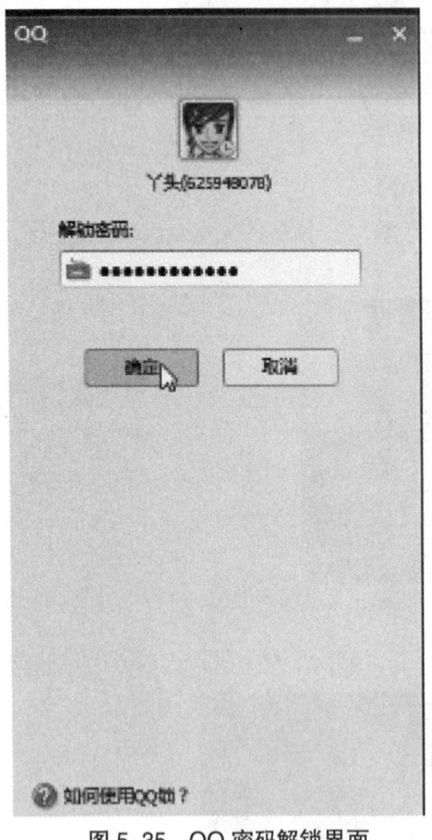

图 5–35　QQ 密码解锁界面

图 5–36　解锁密码

5. 添加邮件通知

在 Windows 10 中，用户的邮件通知可以在通知中心显示，开启方法如下。

从“邮件”应用中选择“设置”→“选项”→“通知”选项，在“通知”区域的“在操作中心显示”选项下选择“开启”选项，然后根据需要选择“显示通知横幅”和“播放声音”复选框，如图 5–37 所示。

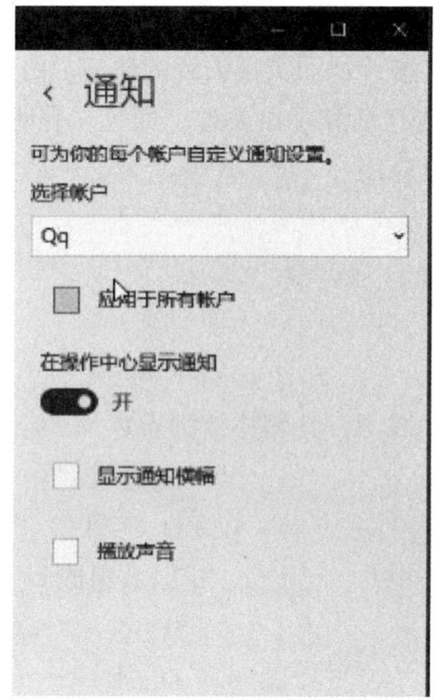

图 5-37　“通知”对话框

知识拓展

1. 文件传送服务

文件传送是 Internet 上使用最广泛的应用之一。FTP 服务是以它所使用的文件传送协议（File Transfer Protocol，FTP）命名的，主要用于通过文件传送的方式实现信息共享。目前，Internet 上几乎所有的计算机系统中都带有 FTP 工具，常用的 FTP 工具有 Cute FTP、Flash FTP、Smart FTP 等。用户通过 FTP 工具可以将文档从一台计算机传输到另一台计算机上。

2. 网上聊天服务

网上聊天是 Internet 上十分流行的通信方式，目前，以 QQ 和 MSN 等聊天工具最为流行。QQ 是一款基于 Internet 的即时通信软件。只要连入 Internet，安装好 QQ 软件，不管身在何处，都可以使用 QQ 和好友进行交流。QQ 除了可以进行文字信息的交流以外，还可以实时传送图片和音频等多媒体信息。如果通信的双方安装了音频和视频设施，还可以进行视频聊天，功能十分强大。此外，QQ 还具有手机聊天、聊天室、点对点传输文件、共享文件、QQ 邮箱、备忘录、网络收藏夹、发送贺卡等功能。总之，QQ 是一种方便、实用、高效的即时通信工具，操作简单、实时性强。

3. IP 电话

IP 电话是建立在网际协议上的电话业务，有时也称为网络电话或 Internet 电话。IP

电话是利用现有的 Internet 通信设施作为语音传输的介质，把模拟的语音信号转换成数字信号后，以分组的方式进行传输，从而实现语音的通信。由于 Internet 的数据传输速率受到限制，所以通话质量比固定电话和手机要差，而且，有明显的通话延时；但因其费用低廉、接入方便而得到了广泛应用。

习题

一、选择题

1. 用以太网形式构成的局域网，其拓扑结构为（　　）。

A. 环型　　B. 总线型

C. 星型　　D. 树型

2. 在 Internet 中的 IP 地址由（　　）位二进制数组成。

A. 8　　B. 16

C. 32　　D. 64

3. 在 IE 地址栏输入的“http://www.cqu.edu.cn/”中，http 代表的是（　　）。

A. 协议　　B. 主机

C. 地址　　D. 资源

4. 在 Internet 上用于收发电子邮件的协议是（　　）。

A. TCP/IP　　B. IPX/SPX

C. POP3/SMTP　　D. Net BEUI

5. 在 Internet 上广泛使用的 WWW 是一种（　　）。

A. 浏览服务模式　　B. 网络主机

C. 网络服务器　　D. 网络模式

6. 某台主机的域名为 PUBLIC.CS.HN.CN，其中最高层域名 CN 代表的国家是（　　）。

A. 中国　　B. 日本

C. 美国　　D. 澳大利亚

7. 拔号入网使用的 Modem 一头连在计算机上，另一头连在（　　）。

A. 打印机上　　B. 电话线上

C. 数码相机上　　D. 扫描仪上

8. Internet 的接入方式主要有两种，即（　　）。

A. 广域网方式和局域网方式

B. 专线接入和拔号接入方式

C. Windows NT 方式和 Novel 上网方式

D. 远程网方式和局域网方式

9. 在 IE 中，要停止载入当前项，可单击工具栏上的（　　）按钮。

A. 后退　　B. 前进

C. 停止　　D. 刷新

10. 下列 IP 地址，哪个是合法的（　　）。

A. 192.168.265.1　　B. 127.0,00

C. 212.211.43　　D. 211.98.222.1

11. 下列不属于保存网页内容的方法是（　　）。

A. 选择“文件”菜单中的“另存为（A）...”

B. 将该网页中的图片复制到硬盘中

C. 将该网页的地址填写到记事本中

D. 将该网页中的文字保存到文稿中

12. 按照网络覆盖范围分类，校园网属于（　　）。

A. 局域网　　B. 互联网

C. 城域网　　D. 广域网

13. WWW 就是通常说的（　　）的缩写。

A. 电子邮件　　B. 全球信息网

C. 网络广播　　D. 网络电话地理域名

14. 能唯一标识 Internet 网络中每一台主机的是（　　）。

A. 用户名　　B. IP 地址

C. 用户密码　　D. 使用权限

15. 下列网络属于局域网的是（　　）。

A. Internet　　B. 综合业务数字网 ISDN

C. 校园网　　D. 中国公用数字数据网 CHINADDN

16. 超文本标记语言的英文简称是（　　）。

A. HMTL　　B. ISDN

C. HTML　　D. PSTN

17. 关于计算机网络资源共享的描述准确的是（　　）。

A. 共享线路　　B. 共享硬件

C. 共享数据和软件　　D. 共享硬件和共享数据、软件

18. 下列关于网络协议说法正确的是（　　）。

A. 网络使用者之间的口头协定

B. 通信协议是通信双方共同遵守的规则或约定

C. 所有网络都采用相同的通信协议

D. 两台计算机如果不使用同一种语言，则它们之间就不能通信

19. 域名到 IP 地址的转换通过（　　）实现。

A. TCP　　B. DNS

C. IP　　D. PPP

20. 当我们在地址栏输入网站的 URL 后，还必须按下（　　）键，IE 才会连上该网站。

A. Enter　　B. Ctrl

C. Shift　　D. Alt

二、填空题

1. 因特网提供服务所采用的模式是 __________。
2. LAN、MAN 和 WAN 分别代表的是局域网、城域网和 __________。
3. 当前我国实际运行并具有影响的三大网络是：__________、广播电视网络和计算机网络。
4. 广域网 WAN 中一般采用的传输方式是 __________。
5. 因特网体系结构局 IAB 负责 Internet 策略和标准的最后仲裁，这其中最著名的 __________ 为 Internet 工程和发展提供技术及其他支持。
6. 网桥必须具备 __________ 和路由选择的功能。
7. IP 地址由网络标识和 __________ 两部分组成。
8. 域名分为两路，分别是网络域名和 __________。
9. 用户 E-mail 地址的格式为：__________。
10. 从技术角度看，Internet 用户利用 __________ 方式进入 BBS 站点。

三、判断题

1. LAN 和 WAN 的主要区别是通信距离和传输速率。
2. 在使用搜索引擎的过程中，如果搜索的关键字和搜索类型搭配不当，将达不到搜索的效果。
3. 设置 IE 属性时，如果 Internet 选项中的主页地址栏中空白，IE 将无法运行。
4. 在使用 IE 访问网站时，点击历史按钮，然后再点击历史区的内容，就可以连接历史信息了。
5. 拨号上网的连接速度和时间在 Windows 中无法查看。
6. Internet 网络主要是通过 ftp 协议实现各种网络的互联。
7. 在 WWW 上，每一信息资源都有统一的唯一的 URL 地址。
8. 电子邮件是 Internet 提供的基本服务之一。
9. Internet 是一个世界范围的网络，它不属于某个国家或某个组织。
10. Internet 提供的服务是电子邮件、文件传输、远程登录、文字处理等服务。
11. 在局域网上发邮件的速度比在 Internet 上发邮件的速度慢。

12. 在启动 IE 时出现的第一页称为主页。

13. 在计算机网络中，WAN 代表的是局域网。

14. 在计算机网络中，LAN 代表的是局域网。

15. Internet 网提供的电子邮件的英文术语是 E-mail。

四、操作题

1. 利用百度搜索关于“嫦娥一号”的内容，复制到 Word 中，(如果包含图片，则图片一同复制)并以 ce.doc 保存到考生文件夹中。

2. 使用 URL 打开 126 网站 www.126.com，申请一个电子邮箱：用户名 @126.com 将上题所保存的文件作为附件发送至此电子邮箱，邮件主题：你所在班级名称 + 你的姓名，比如“2018 级计算机科学与技术 1 班张丽”。

3. 用 IE 访问某一搜索引擎网站(如 Google 网站 http://www.google.com)，通过关键词的方法查找与“体育”有关的“新闻”信息。

4. 设置 IE 浏览器，使得链接加线的方式为“悬停”，设置 IE 浏览器，使得浏览 Internet 网页时不扩展图象的说明文字，设置 IE 浏览器，使主页地址为：“http://www.baidu.com”，浏览浙江省高校计算机等级考试网站，将“站点声明”页面另存到第一题所建文件夹中，文件名为“zdsm”，保存类型为“Web 页，仅 HTML(*.htm;*.html)”。

参考文献

[1] 赵万龙 . 大学计算机应用基础 [M]. 北京：清华大学出版社，2018.

[2] 丛国封，杨廷璋 . 计算机应用基础项目化教程 [M]. 北京：清华大学出版社，2017.

[3] 施荣华，严晖 . 大学计算机学习与任务指导 [M]. 北京：高等教育出版社，2017.

[4] 唐铸文 . 计算机基础学习指导与实训 [M]. 武汉：华中科技大学出版社，2017.

[5] 旷辉 . 新编电脑办公（Windows 10+Office 2013）从入门到精通 [M]. 北京：人民邮电出版社，2017.

[6 甘登岱，乔亚丽，李姗 . 大学计算机基础教程 [M]. 上海：上海交通大学出版社，2016.

[7] 教传艳 . Office 2013 入门与提高 [M]. 北京：人民邮电出版社，2017.

[8] 文杰书院 . 电脑入门基础教程（Windows 7+Office 2013 版）[M]. 北京：清华大学出版社，2017.

[9] 神龙工作室 . Word Excel PPT 2013 办公应用从入门到精通 M]. 北京：人民邮电出版社，2015.